沒有垃圾的公寓生活

尚潔
楊翰選

本書採用環保大豆油墨及環保再生紙印製

公寓的陽台，是扇面東的窗，這裡住滿了綠色且不多話的室友們。
我們時常在晨光與葉片相互輝映中醒來。

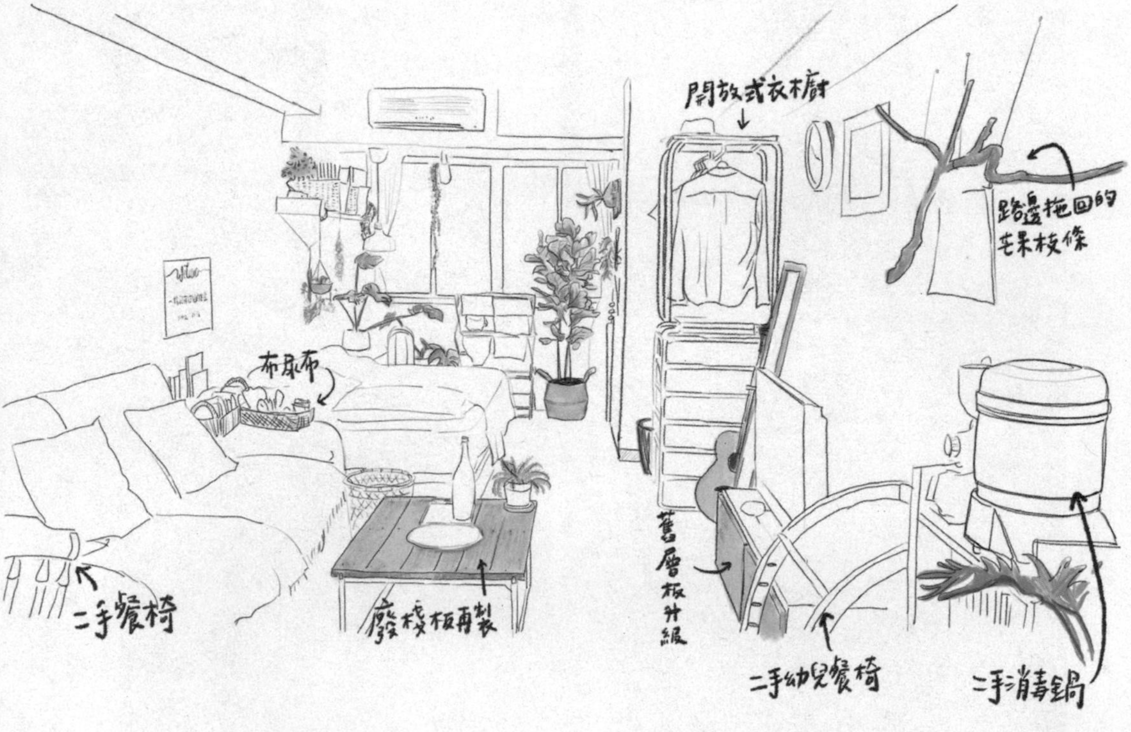
開放式衣櫥
路邊拖回的
芒果枝條
布尿布
二手餐椅
廢棧板再製
舊層板升級
二手幼兒餐椅
二手消毒鍋

我們的客廳及臥室

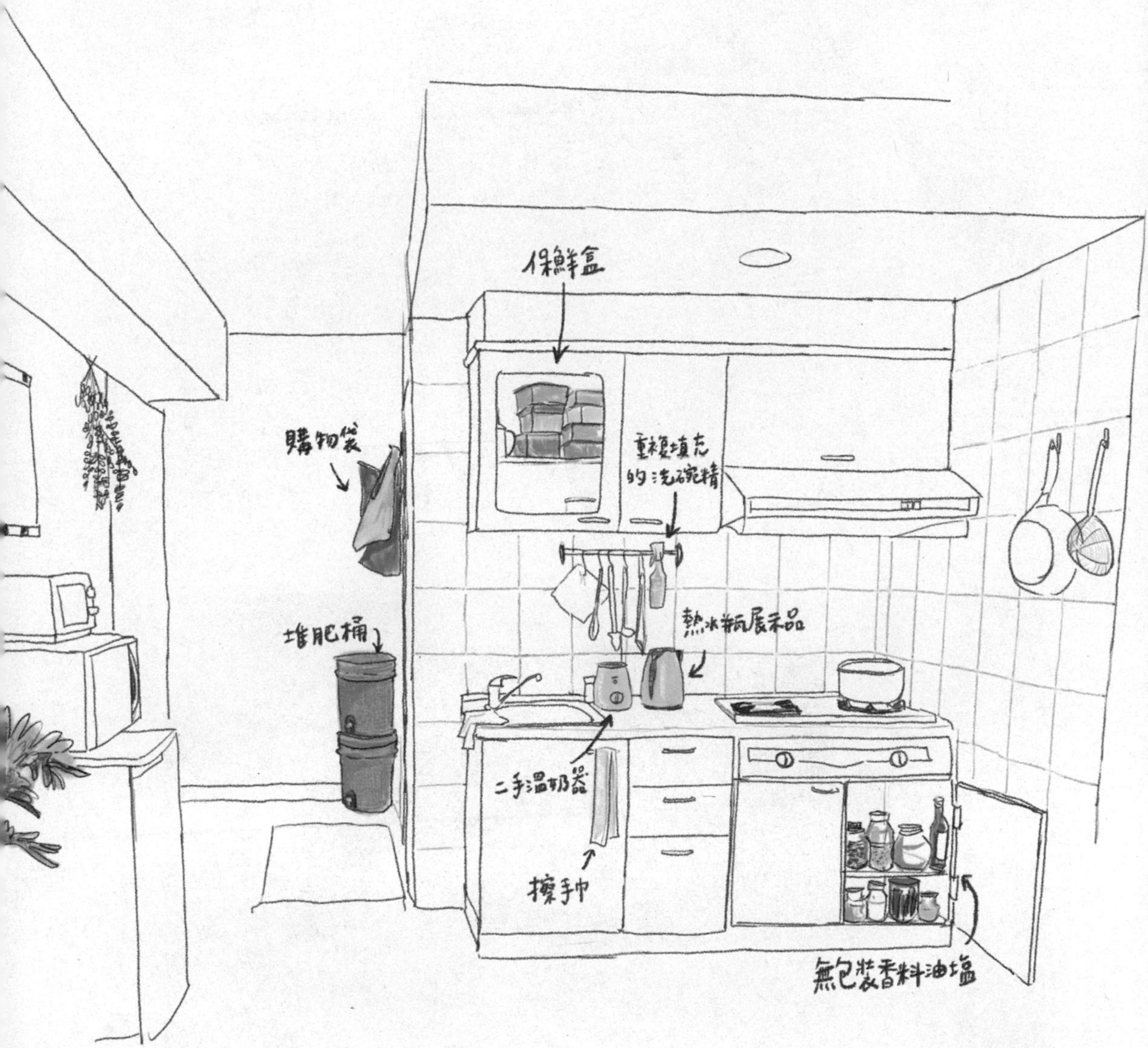
保鮮盒
購物袋
重複填充
的洗碗精
熱水瓶展示品
堆肥桶
二手溫奶器
擦手巾
無包裝香料油鹽

我們的廚房

阿選在醫院停車場拖回一根剛修剪下來的芒果樹枝，經過磨砂後上牆成為客廳擺飾。

幫前房客的電視木櫃裝上舊木板，讓客廳煥然一新。

靠著沖洗器和毛巾，達成沒有衛生紙的廁所。

我們的極簡衣櫥：右側掛著的是阿選的襯衫及西裝，左側是我的上衣和裙子。另外我們各有兩格抽屜裝內衣褲、褲子、T 恤和運動服。

登記結婚當天穿的是二手碎花洋裝，捧花是請花店單用牛皮紙包的。

拿罐子買裸裝咖啡豆，一次半磅，喝完再去買。

我們在 2019 年一到七月所產生的垃圾一罐。

因為很想要，所以決定自己鉤的法式網袋，不妨跳過以往付錢即可獲得的路徑，將錢投資在可重複使用的工具和一個絕佳體驗上吧！

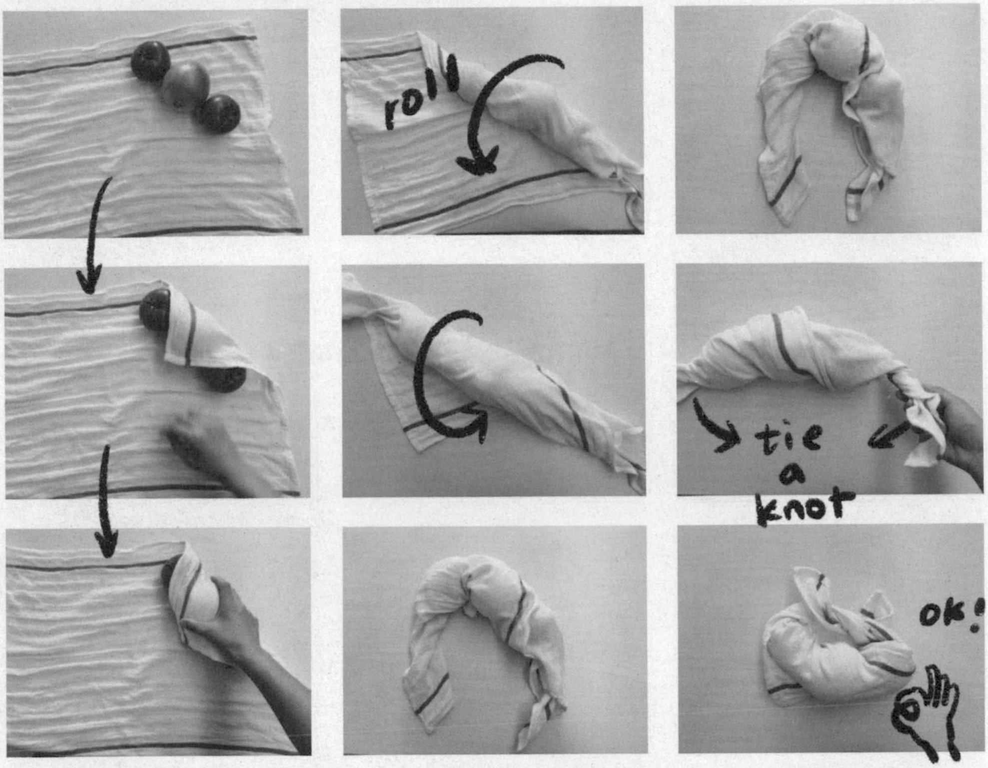

（上）用一條布也能包蔬果。（下）和家人的零廢棄野餐。

我們分別是一套禮服穿到底的新娘和花二百五十元修改舊西裝的新郎。省去換裝的時間讓我們能充分參與婚禮的每一個當下。

手繪的婚禮迎賓版海報，可以完全分解。

使用在地的新鮮水果作為婚禮伴手禮，將運送過程產生的浪費也考慮進去。

宴客中提供的小手帕是我們用廢布自己縫製的。

當所有人都攜帶容器時，打包就是一件很酷很歡樂的事。

生產馬拉松開始，我們接力在床上、客廳、浴室度過一次次的陣痛。

歷經十二個小時，我們的寶寶誕生在廚房的水池裡。

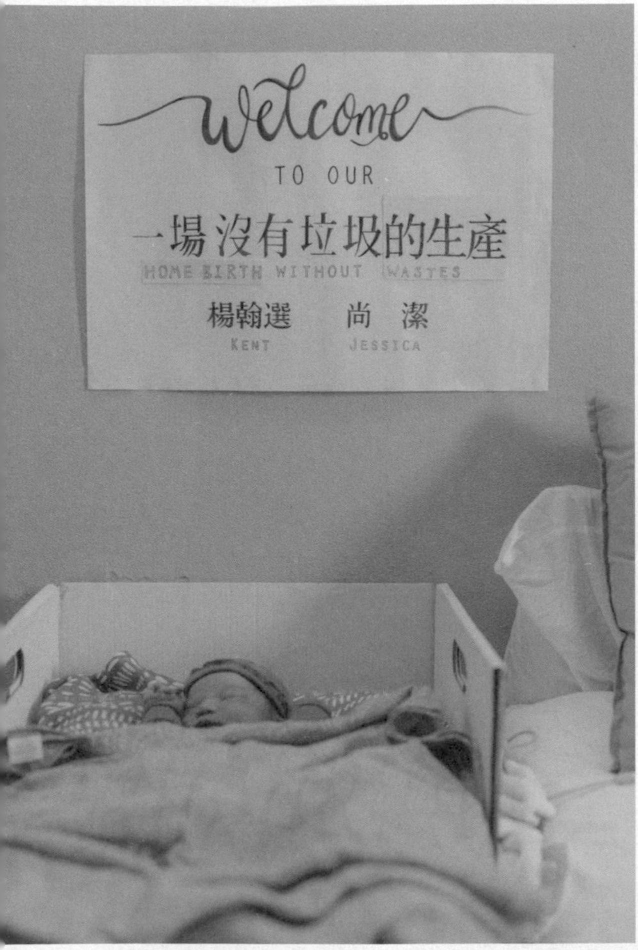

睡在紙箱裡的嬰兒。

我們用了很多毛巾來減少產褥墊的使用。

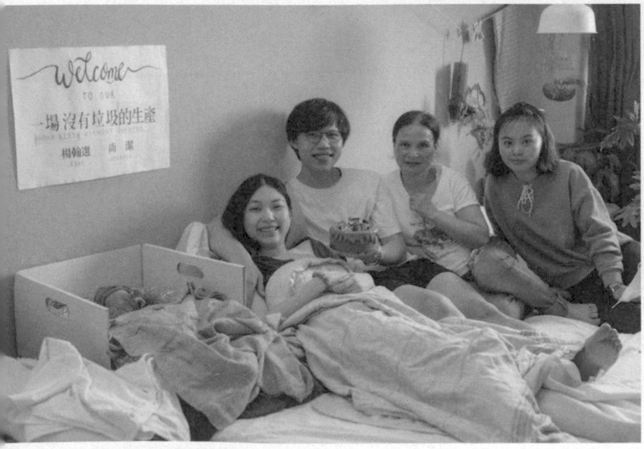

與新室友和助產團隊的大合照。

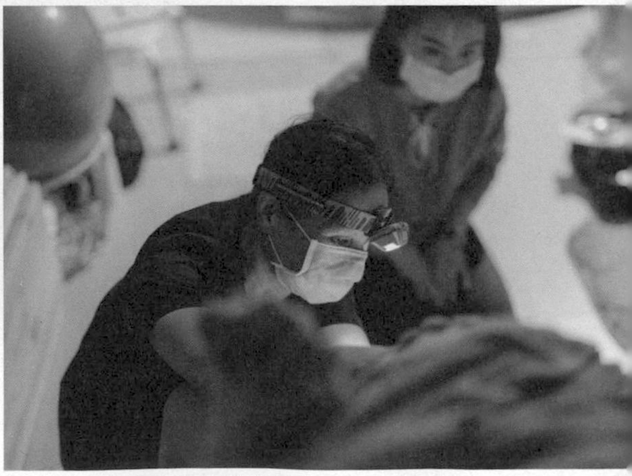

助產團隊是產家的堅強後盾。

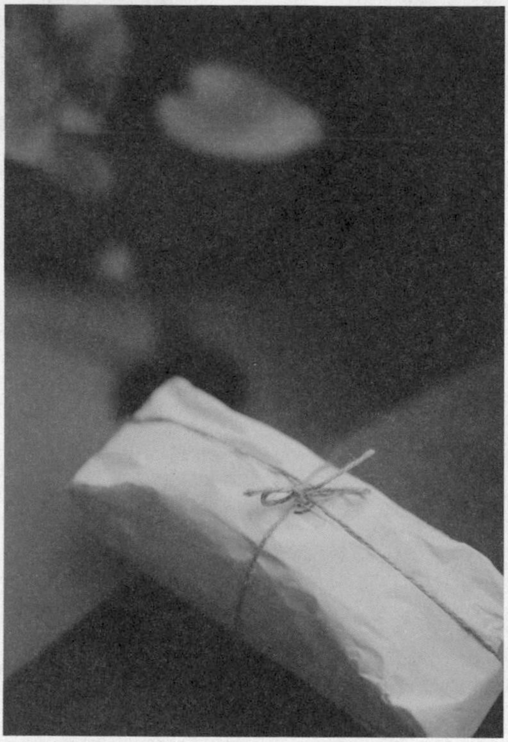

彌月蛋糕選用耐放的磅蛋糕，與店家溝通後採用烘焙紙和麻繩的簡化包裝。

我們在家用布尿布和紗布巾代替一次性選項。

阿選自備鍋子去買的沐沐生日蛋糕。

替剛出生的寶寶畫的黑白卡，我們會帶著她一邊指一邊念咒語：「三角形－圓圈圈－海波浪－葉子」，她便會豎耳靜聽。

獻給我們的女兒　沐沐

自序

一晃眼，離孜孜不倦練習大學指考作文的時光已經要滿十載了，長成大人的我開始欣羡起那個口袋裡塞滿名言錦句的女孩，白衣黑裙，頂著潛伏欲發的粉刺，唰唰地為了大考拚命生產文字。十八歲的時候，我和閨密並肩坐在體育館前的階梯上打賭十年後的自己會不會比較快樂，夕陽斜倚在小葉南洋杉樹梢，餘暉如沉甸甸的上學壓力，將樹幹與我們的影子壓彎了腰，而西風則如穿堂的模擬考校排名，將我薄弱的信心吹得更散更亂，當時的我絞盡腦汁想著隔天要交的長文開頭，定沒料到二十八歲的我可能正在做一樣的事，只不過是在思忖第一本書的前言。

「欸，十年後的我們有沒有比較快樂？」

我想答案是肯定的。

在這本書發生之前，我是一個甫畢業的中西醫師，在二十五歲時認識了零廢棄生活，幸運地聯絡上住在加州的零廢棄教母，同時也是零廢棄寶典 Zero Waste Home 的作者貝亞・強森（Bea Johnson）女士，並透過自薦完成了該本書的繁體中文翻譯（《我家沒垃圾》2017，遠流出版）。自此之後，原先一成不變的醫學生涯，被我硬生生鑽出了一條旁門小徑，我踏上了推廣零廢棄生活的道路，去到校園、企業、農夫市集、餐廳裡分享我的零廢棄生活，而那是我始料未及的。

另一個影響我們很多的是以推廣「半農半×」為職志的塩見直紀教授，他提出「順從天意經營簡單的生活，並將上天賦予的才能活用於社會」。這與貝亞・強森的觀念不謀而合，兩者皆提出降低物質需求，轉而追尋生命體驗及經營人生職志，並從中獲得滿足及快樂。縱使尚未具備躬耕田園的能力，零廢棄生活仍讓隱於市的我們尋得一方立足之地，於此同時我也明白讓這個觀念散播出去會是我接下來的天職。

在寫這本書的開端同時，我的肚子裡也有一個小生命正在孕育中，懷孕初期，我把她當作我延宕的理由，身為一個孕婦你總能找到千百個理由說要休息不動筆，但是當我懷孕進入第五個月明顯感受到胎動後，好像有個手持大板的光頭小住持在肚子裡，不時在貪嗔癡浮現時，俐落地由內棒喝我這位不精進的母親，迫使我正式面對了自己逃避已久的事實，但這也讓我興起把住持囊括進拙作的想法，讓她一起參與我和伴侶的零垃圾計畫，這也是後面「沒有垃圾的生產」以及「零廢棄寶寶」的開端。而這本書的原稿就一直擱在我的硬碟裡，伴我整個孕期、生產以及產後在家坐月子的一整個月，然後一轉眼女兒已經半歲大了。

這本書不是一本教導環保生活的工具書，我反而想定位它為一本很誠實赤裸的生活告白書，我試著書寫我們如何在習醫的過程中，開始同步簡化生活，並在搬進這個小公寓後，歷經了婚禮、送走了至親，也迎來了第一個孩子。在日子的堆疊淬鍊下，我們意識到「選擇」真的可以決定未來世界的樣貌。

給想開始零廢棄的你

零廢棄生活不是一蹴可幾的，需要透過很多的小改變，才能累積成為一個成熟的生活習慣，恭喜你翻開了這本書，就算是不小心瞥到都表示你想更進一步了解零廢棄生活（或是老天爺在暗示你是時候了）。

無論你從哪裡來，過去有著怎樣的生活與消費習慣，你都將展開一趟專屬於你自己的旅程，這趟旅程可能會有些顛簸，但是你可以慢慢走，也可以隨時停下來，但是在顛簸過後你會發現自己對世界的樣貌有了全新的感受，而且相信我，你會更喜歡自己而且感到快樂！先答應我，過程中別忘了給自己肯定，願意踏出舒適圈的你，哪怕只是少拿一張衛生紙，多走一點路，都已經是很棒的改變了！

我在這裡扮演的角色是輔助你去認識並培養零垃圾生活的習慣，像是實驗助教一樣給你一些提示和引導，讓你在你熟悉的生活圈那一端，用你獨特的器具、原料和風格來進行專屬於你的零垃圾生活實驗，然後收穫屬於你自己的零垃圾果實。聽起來很 free-style 吧，沒錯！零廢棄生活的一大特色就是因人因地因時制宜的，只要能適合你、能執行得長久的辦法，就是好辦法！

請記得，沒有誰的生活方式是最好的，你我都沒有權力去「指導」別人該如何過他的生活。我誠心希望將我自己的經驗寫下來，讓更多的人了解這樣生活的好處及帶來的影響。

還記得當初我看《我家沒垃圾》時，最大的感嘆是：「這不就是美好人生 DIY 的工具書嗎？」所以我也期望自己能用簡單淺白貼近生活的中文和圖片，讓你在還摸不著頭緒的時候，能夠一步一步找尋材料零件，先組裝出一個美好人生初級架構，但是裡頭裝什麼、外層漆什麼顏色的漆、放在哪裡、和誰一起組裝、怎麼傳承它，這些就將會是你的事了！（也會是最好玩的事了！）

在沒有垃圾的公寓生活裡，我們從一對新婚夫妻、新手爸媽的角度，分享我們在生活中「環保、永續」與「美好風格」的最大交集。我們和大家一樣上市場買菜、穿衣、旅行，只是嘗試用可重複使用的器具和簡化的步調來讓自己更有餘裕去互動、學習，與體驗，然後找到彼此更快樂、更滿足的樣子。

你們大概已經知道了：我們的家很小，只有九坪，沒有隔間，站在玄關就可以輕鬆畫下整個公寓的平面圖，躺在床上就能被廚房切的洋蔥薰出淚；但是這麼小的空間裡，我們擁有了我們認知裡最大的快樂。想知道我們的祕密嗎？

歡迎光臨沒有垃圾的公寓生活！

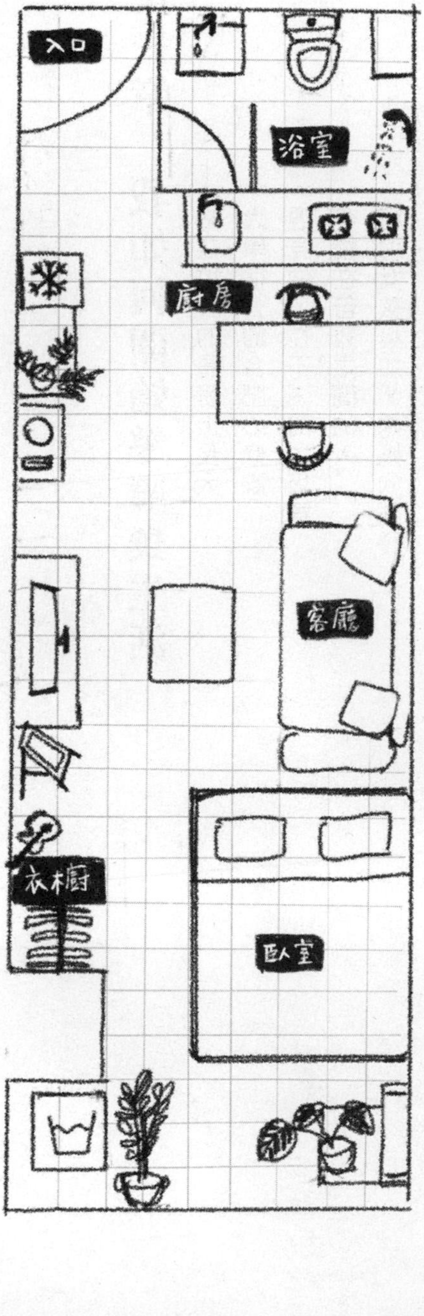

目錄 TABLE OF CONTENTS

第二章　沒有垃圾的公寓生活

第三章　一場沒有垃圾的婚禮

第四章　沒有垃圾的居家生產

附錄　零廢棄生活DIY

CHAPTER —— 1

我如何開始零廢棄生活

站在垃圾的肩膀上長大——

有件事實我必須在故事一開始開誠布公：在開始所謂的「沒有垃圾的生活」之前，我一點也不環保，而且還很垃圾。

首先，我要感謝伴我成長的眾多垃圾先賢們（這邊指的真的是塑膠包裝、免洗餐盒那種，非指活生生的人），若不是你們的付出與犧牲，我可能無法順利長大成人。

在遙遠的以前，「環保」這個名詞其實早已遍地開花，只不過大部分的環保都被視為等同資源回收——「我們恭喜三年甲班獲得環保榮譽獎，是全年級落實資源回收的楷模！」但其實我們忽略了一個事實：會不會是三年甲班特別會喝鋁箔包飲料，所以他們比較有做回收的材料？沒錯！就讓三年甲班最愛喝麥香奶茶的衛生股長，也就是我本人來演示一下我們是如何做資源回收的：首先，掰開鋁箔包的四個角角，用吸管將鋁箔包吹飽氣放到地上，然後退後三米拉出助跑距離，加速、跳躍、完美落地——「碰！」這是我們十歲之間最流行的爆破行為藝術，一個壓扁又平整的鋁箔包回收動作就這麼完成了。（當然，你可以由此類推我們是如何回收寶特瓶、鋁罐以及紙箱的。）

如果說到這裡，你已經發現其中的弔詭之處，那麼你一定要繼續看下去；如果你覺得「環保就是確實做好回收」這個論述再理所當然不過，那麼你也一定要繼續看下去。

爬梳一下我們在台灣教育體制中的成長軌跡，最早的環保行為可能要追溯到幼稚園的時候，這群幼童可能比成人更熟稔「自備可重複使用物品」的真諦。你會看見身高甫及腰的娃娃們背著硬殼大書包，早上起床穿圍兜兜，上頭用安全別針繫了一條可以擦汗、擦鼻涕、擦眼淚的棉質手帕；肩上側背一個大水壺，附帶滑蓋和矽膠吸管的那種，幼稚園置物櫃裡還要有一個不銹鋼杯，可以刷牙漱口或者吃點心用。

上小學後，老師若沒要求，攜帶手帕的習慣逐漸被淡忘，但我們也開始學習帶便當盒上學。無論是家長送餐還是在學校吃營養午餐，每個幼男幼女去上學時常是雙手滿載出門，卻又不知怎麼地，雙手空空回家，而學期初總是由便當袋的數量坐穩失物招領處的冠軍寶座，但學期中後，失物數量會遞減，除了因為被廣播認領很丟臉外，大概就是因為一個新的習慣養成了（我們感謝這群健康快樂的好兒童的親身示範）。

升上國中，大家普遍吃營養午餐，由中央廚房提供鐵餐桶和公用餐夾、湯勺等，學生們也許會自備便當盒和餐具，但那不再重要。隨著課後補習和晚自習的機會變多，課餘的少數樂趣源自於初嘗金錢的主控權，便當、輕食、飲料，在學子補習趕場的時候，沒有人會在意自己製造了多少垃圾，因為現實的大人只管你參考書和考卷寫得夠不夠，考試分數多不多。進入高中後，自由意志與粉刺如同脫韁的野馬，校園圍牆外是美食烏托邦，於是，在更多的參考書與試卷層疊之下，訂飲料及訂外送時光自然成了我們青春最愉悅的記憶。大學聯考前的憂鬱焦躁，有部分來自寫模擬考時瞥見自己微凸的肚腩卻無能為力，那是多少手搖杯與外送便當聯合滋養下的結果？我們選擇性遺忘，畢竟要記的東西已經夠多了。

很有趣吧？我們曾共同經歷童年短暫的環保啟蒙，但又落入製造垃圾的耀眼青春期當中。我必須承認，這些垃圾承載了年少的快樂，讓我們在台灣教育體制高牆上，打了一個恰好容身的洞。於是，我們就在這些一次性用品的來去中，長成了大人。但是很少人告訴我們，其實還有別的選擇，又或者，我們的成長軌跡裡可以少點垃圾。所以我說，我真的是站在垃圾的肩膀上長大的。請讓我點一首《感恩的心》，獻給逝去的垃圾先賢們：感恩的心，感謝有你，伴我一生，讓我有勇氣做我自己。

大學宿舍的合肥必修課——

由垃圾相伴長大的這位台南女孩我本人，還等不到高三養成的肥肚腩消失前，就一路向北，成為菜逼八大學生了。大學時期我念的是中醫系，雙主修西醫，在當時的學制需要八年才能畢業（順利的話啦），說是台灣耗時最久才能畢業的大學科系並不為過。如果要我在科系簡章上補充什麼的話，大概就是——學程：八年制↓很久喔確定嗎？

大學前四年我們在學校主要修習基本科目，像是中醫基礎理論、中醫診斷學、生物學、大體解剖學、病理學等科目；大五大六進入醫院各科見習，大七西醫實習，開始正式進入臨床工作，而最後一年則是中醫實習。

學校位在台北邊陲的林口台地上，還記得大一剛搬入宿舍時，同寢的四人裡，有兩位是台北女生，她們行囊簡約、瀟灑從容地入住；反觀我和另一位高雄女孩則以一個近乎舉家遷徙的姿態，從濁水溪以南，拔山倒樹而來。因為家住得遠，不可能每週回家，因此每到週末，當北部人回家去，整棟宿舍幾乎人去樓空時，便利商店的微波食品櫃前就是我消磨時間的好去處，但吃膩超商便當時怎麼辦呢？由於我們宿舍地處邊緣，沒有摩托車的大一新生得先爬上山、轉搭校車再步行，才能到達最近的校外商店街。那時沒有手機叫餐服務，但是各大專院校都有種東西叫做 BBS 電子佈告欄，雖然我們的伺服器不比台大 PTT，但是有個解救蒼生的看版討論區叫做「合肥版」，不是安徽的那個合肥，而是很單純取字面意思：一起變肥。

合肥版的運作方式是這樣的：每到三餐及宵夜前，會有幾位主揪大人（有時是店家老闆）把餐廳和菜單發文公告出來，舉凡豆漿油條、日式咖哩飯、山西刀削麵到萬惡雞排和甘梅薯條……只要想訂餐，就在下面留言註明清楚寢室號碼及菜色，店家外送一到便會發文通知，甚至還會打電話到寢室提醒取餐。於是，每到合肥領餐時間，飢腸轆轆的宿舍居民就會捧著錢包到宿舍一樓大廳，我隱身在隊伍之中像隻久違離巢的螻蟻，我總會感到一絲安慰，原來大家一起變肥的感覺，這麼好。

合肥版挾著如此簡單的運作模式，讓宿舍新生深陷其中而無法自拔。但是為了不讓高三的肥肚腩繼續成長，我索性加入了以訓練紮實著稱的系上排球隊。半個大學讀完（四年過去了），板凳學妹成了球場上先發的學姊，穴居宿舍的新生也成了合肥專家。每個晚上我若不是在系隊練球，就是在行合肥之重任，消長之間，小腹也巧妙地維持在一個完美的動態平衡。

那個時候離我意識到減少垃圾還非常遙遠，對我來說，便利商店與合肥版是我在美食沙漠裡的解渴救星，我對消費的概念不外乎就是「選購商品↓付錢↓享用」，而在享用完後，我會悉心把那些一次性食物容器洗乾淨，裝進座位腳邊專門放回收物的紙箱裡，然後一週去回收場倒一次，看到有人丟錯的回收物，還會好心幫忙把它丟到正確的分類桶。回收場裡見我嘴角上揚沾沾自喜，嘿嘿！有人不但是合肥專家，還儼然是個公德大師呢！

小學畢業已過了二十年，我胸前仍別著三年甲班衛生股長的環保勳章，認為「我回收、我環保」，並為此堅信不疑。而真正發現到自己的行為有所矛盾，又是好幾年之後的事了。

遇見你，在不滅的垃圾裡——

加入系隊不久，我便發現隊上有個學長臉總是很臭，但是仔細觀察又不真的那麼臭，因為一上場打出好球還是能看到他笑到齒齦並露，所以我只能歸結於那是學長很認真的神情，姑且就稱這種臉叫做認真臭吧！

學長每次帶大家跑步、練隊形、操體能的時候都會讓我想在他隨著跳躍而幾近爆裂的小腿肌上刺個「身先士卒」。學長從不站在場邊頤指氣使吆喝學弟妹們防守站太高（排球接球要蹲低），而是會親身示範到底應該要蹲多低的那種人。縱使學長自帶一道高冷城牆，但我直覺這牆內一定別有洞天。有一次，我發了一顆異常高遠的界外球，一路心有所向地飛噴到學長所在的隔壁球場。

「翰選！可——以——幫——我——撿一下嗎？謝—啦！」我從遠處大喊，竟然興奮到忽略了學長兩字，不假思索地叫出人家的名諱，還用輕浮的「啦」作結尾，啦什麼啦！

只見學長迅雷不及掩耳地用腳尖把球停住，一個瞬間我好像看他皺了眉，但又接著喜怒不形於色地把球拋回來給我，什麼都沒說。「呼！好險，大概是沒聽清楚吧！」我僥倖地心想。那算是我第一次與學長的近距離接觸，半個球場、一條拋物線的距離。

大一的暑假，照慣例是由大五學長姊與大一學弟妹共同籌辦暑期高中生營隊，透過六天的營隊讓高中生更了解系所特色，體驗大學生活及課程。那一次不知道為什麼就和學長分在同一小隊擔任隊輔，相處過後才發現學長私底下很好笑，專長是背周星馳的電影台詞，做起排球以外的事依舊認真得驚人，為了幫小隊員想晚會節目，可以整夜沒睡在電腦前學舞步。著實讓人想再幫他補刺個「捨我其誰」、「沒日沒夜」在兩隻手臂上。在那次的營隊合作後，我們漸漸成為無話不談的好朋友，但四年之後我們才真正在一起。

學長也就是後來故事裡的阿選。

大學第四年因為多了阿選的宵夜支援，我提早從合肥版畢業了，但並沒有因此停下製造垃圾的腳步。甚至因為兩人同心，憑藉著一加一大於二的本事，製造的垃圾與浪費跟以前比起來，只能說是有過之而無不及。

我曾為了要與他約會，網購了一雙便宜好看的厚底鞋，誰知道他竟帶我去爬北投軍艦岩，一路上土坡、石階還要攀爬岩壁，沒有扭到腳已是萬幸。然而機車浪漫雙載時，我卻因為鞋底太厚無法踩在腳踏板上，整整一個半小時的車程雙腳懸空，回去後小腿和胯下痠痛了好幾天，徹頭徹尾讓我明白那雙鞋的全部缺點，於是，新鞋子在那之後就被我棄如敝屣，不久就丟了。

另一次印象很深刻的約會，阿選說要帶著我這偽台南人（身為台南人卻連國華街都沒去過）去吃那些台南美食。其中一站我們來到了大南門城，外帶了附近有名的鍋燒意麵和紅茶。我們拿出預先準備的野餐墊，鋪在大南門公園的草地上，在樹影錯落間圈出兩人的一方天地。熱呼呼的鍋燒意麵散著香氣，我們打開最外頭的中型提把塑膠袋，接著拆開另一個專門裝意麵的塑膠袋，再小心翼翼打開塑膠碗蓋把麵加進紙製湯碗裡，只見這對熱戀男女在百年紅牆前，用兩雙免洗筷與塑膠湯匙，外加一支塑膠吸管，一邊大啖美味的意麵，一邊豪飲沁涼的古早味紅茶。

轉眼食畢，再拿出一包抽取式衛生紙擦擦小嘴，然後將所有一次性垃圾塞回塑膠袋內，打上一個妥貼的結，最後將整袋垃圾塞入公園的垃圾桶，拍拍屁股不留一絲遺憾地走人。是的，沒有人會說我們做錯了什麼，這對情侶光明磊落，也沒有亂丟垃圾。席慕蓉《一棵開花的樹》裡說：「如何讓你遇見我／在我最美麗的時刻／為這／我已在佛前求了五百年／求祂讓我們結一段塵緣」，我不知道，到底是我和阿選其中哪一個人在佛前求了這麼久，讓我們不只擦身而過，而是成為了伴侶。只不過，因為我們兩人戀愛而隨之產生的垃圾，恐怕是跪在佛前好幾百年，召喚出風火雷電恐怕也無法消滅的。

當時的我們對於自己的行為幾乎可說是毫無意識，又也許是戀愛當前，環保什麼的相對不重要。只不過後來我們習得的是：永遠都有看起來更重要的事情在你眼前上演——上一秒你要準備考試（時間寶貴誰有空做環保？），下一秒你墜入愛河（戀愛傷神誰有空做環保？），不久生米煮成熟飯，懷中多了個襁褓中的嬰兒（根本沒有自己的時間鬼才做環保！）——你永遠都有製造更多垃圾的藉口，因此不現在開始，永遠都不會開始的。

穿梭在苦難之間的人——

升上大七那年，我正式成為實習醫師。有別於大五大六走馬看花的見習，我們成為了臨床團隊的一員，意思是我們可以在學長姊及主治醫師的督導之下，書寫病歷、開立簡單的醫囑，並執行基礎的醫療行為。在病房裡，我們能協助抽血、插鼻胃管或導尿管、傷口換藥；在開刀房裡，我們能幫忙拉勾、抽吸血水、縫合傷口；在實驗室或檢查室裡，我們能施打藥劑、做切片、繕打文字報告。值班頻率大約是每二到三天一次，值班代表必須連續三十個小時待在醫院，經歷白班、夜班、白班才能下班。

秋天離開了，九到十一月像是大船一樣一艘艘駛出外海，噴著水氣鳴著笛緩緩走了。老實說我有點不捨。這三個月我進入了實習數一數二紮實的段落：內科。

走在病房的簾幕外，總能聽到千百種聲音：淺快的喘息、喉頭的滾痰、吐氣的哮音、看護拍痰的空掌聲、疼痛的哀號、響徹夜晚的呼聲、不寧腿的躁動、屁聲、作嘔聲、像貓像狗像狼一樣的哭聲。

一旦拉開了病床圍簾，視覺的震懾總是來得又快又急——枯槁乾瘦的兩頰、掉髮、黃疸、腎臟病患的黧黑面目、糖尿病足的腐爛見骨。才一個瞬眼之間，我雙膝跪在床畔，手掌交疊手背，一下兩下三下地壓著眼前垂死之人的胸膛，他們的眼神率先離開了世間，留下一對空洞的深淵；接著脈搏漸弱、熄滅，最後是隨著我們結束按壓而止息的心跳。

那是我二十五年的生命裡，首次目睹死亡，儘管我背得出亡者的過去病史及治療現況，但我卻無法解釋是什麼力量決定了誰離開，而誰留下。有時候真的好忙，醫囑與病患的抱怨一個接一個紛至沓來，中間夾雜新的病人入院要接。我根本沒法去計算自己到底送了幾張床去做檢查，裝了幾支尿管、鼻胃管，抽了幾管動脈血，或做了幾張心電圖。因此值班時的晚餐，熱食冷吃或是吃到一半被召喚回病房是常有的事。

中間我拾起又遺落了許多可以寫作的素材，我時常會興起拿紙筆或錄音機去找病人與照顧他們的看護及家人進行深度訪談。時不時會有一種「這些事情怎麼能只有我看見？怎麼能只有我聽聞？」的感慨，並不是站在醫者這端的高空想要揮舞什麼醫德教鞭，而是覺得這裡像另外一個平行世界，多的是身體心裡受劇苦的人，但外界卻壓根不知他們的存在。

處在醫療第一線的人是穿梭在這兩個時空的人，我們日日目睹這些被縛在病床上承載病痛的人們，也看得見外面世界的物換星移。大家在意美國有了新總統，婚姻平權沸沸揚揚，生活要減塑要環保，增肌或減脂，自己煮還是叫外送。但每一次走進白色巨塔裡，就像掉進了一個蟲洞，這裡不快樂的人好多，受苦受難的人更多。

偶爾我會想起我媽的囑咐，在經過醫院外的土地公廟時，內心唸個幾遍任何我抓得到的咒語，讓自己口中那些細小的聲音像煙火一樣，射向醫院旁那座湖的上空，咻——嘣地炸開，想像它會如保護網一樣撒下，籠罩整個醫院的生靈亡靈。但更多時候我走在通往醫院的路上，腦子裡盡充斥著書讀太少恐怕被電的憂慮，抑或今晚值班大概不能睡飽這些瑣碎雜念，心就像一旁冷冽的湖面被吹得波瀾四起，我縮瑟著身子加快腳步，七點半的晨會快遲到了。

大七那年前半，我歷經了婦產科與小兒科，在臨盆產婦與初生寶寶身邊見證新生，又在內科看著人們被疾病纏身、衰老，然後走向死亡。我像是站遊樂園裡的轉盤圓心，看著一個個刻著病歷號的旋轉咖啡杯，忽快忽慢地自轉著，然後也會想到自己。偶爾在晨會裡，或是夜深人靜一個人在值班室的時候，我會出竅幻想著自己未來的模樣，我可以生出一大堆理想與待完成的泡泡，但只要一下班，那些泡泡就會浮出現實的水面而破滅，因為我殘餘的心力只願意想著今晚該吃點什麼好料、等等要去運動或補眠、難得的週末去哪裡逛街約會之類的小情小趣而已。

我是在這樣的背景中遇見零廢棄生活的。

紐約女孩與加州媽媽的啟發——

一切要從二〇一六年十二月開始說起，甫離開內科實習後，我在偶然之下看了一部TEDx演講，講者叫做勞倫・辛格（Lauren Singer），一個剛從紐約大學環境學系畢業的年輕面孔，演講中她拿著一個玻璃罐，裡頭塞著的是她累積了三年的垃圾。她說她正在過著一種叫做「零廢棄」的生活（zero waste lifestyle），中文也有人翻作零浪費或零垃圾生活。

演講中提到她起先看不慣某位同學同樣身為環境學主修，卻在課堂上大啖塑膠包裝零食。但沒想到回家打開冰箱門，卻發現裡面也清一色是包裝食品，因而自慚形穢。為了達到言行如一，她進而踏上拒絕塑膠之路，也因此開始研究自製用品，像是牙膏、除臭劑等等這些市面上只有塑膠包裝的產品。在研究的過程中，她逛到一個部落格叫做「零廢棄之家」（Zero Waste Home），由一位叫做貝亞・強森（Bea Johnson）的女士所經營，她來自法國，和一家四口住在美國加州米爾谷（Mill Valley），自二〇一〇年開始實行不產生垃圾的生活。在深入瞭解強森家的生活方式後，勞倫從翻找自己的垃圾桶開始，了解自己每日產出的垃圾種類，然後進而一一消滅它們。

演講看到一半我按了暫停，然後開啟了另一個分頁，搜尋起貝亞・強森的部落格與演講影片。這其實跟我往常上網的瀏覽習慣沒什麼不同，一貫地被吸睛標題捉住目光，點開感興趣的關鍵字，然後像植物根系般地繼續深掘下去。只不過我沒有預料到那一天如常的「上網逛逛」竟然會翻轉了我接下來的人生。

我超級好奇在這樣不產生垃圾的生活方式中，會造就什麼樣子的人。在我想像中應該是一群不修邊幅、生營火、搭帳篷，專長野地求生的嬉皮。但點開貝亞的家中的照片，一放眼是潔白色的窗明几淨，更讓我詫異的是，貝亞除了是個穿著簡單卻不失時尚感的媽媽之外，看上去並沒有與一般人有所不同，甚至還散發著一股無比自在的氣質。

無論是勞倫還是貝亞，她們好像都很知道自己在幹嘛，而那正是當時的我很缺乏的，我也許知道病人發燒時要做什麼鑑別診斷與處置，但對於生活中存在著什麼樣其它的選擇，我的知識卻貧乏得寥寥無幾。

我著了迷似地開始把貝亞的文章及影片掃過一遍，然後下一秒我便發現自己下訂了她的原文著作——《*Zero Waste Home*》，也就是我後來的譯作《我家沒垃圾》，但那

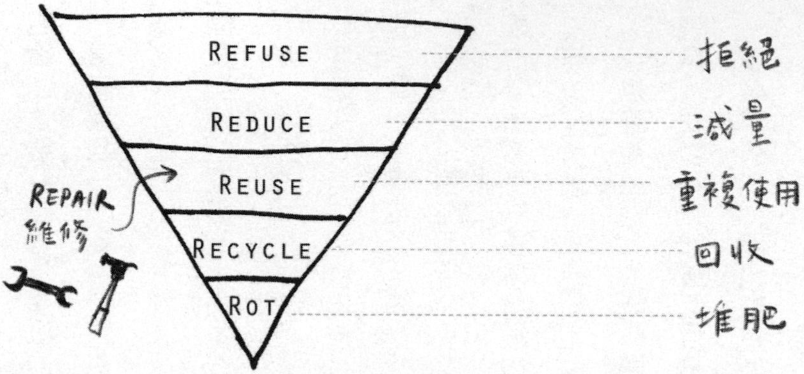

5R

是在我搜尋「Zero Waste Home中文版」卻一無所獲之後的事。

很快地，那本書就寄來了，外頭妥貼地包裹著一層網購用塑膠袋。可惜當時的我意識不足，沒能發現這中間的黑色幽默。費了一番功夫，好不容易讀完了前幾章，對零廢棄生活有了更具體的認識。到底什麼是零廢棄？綜括網路上各方的意見，簡單來說就是——「不把東西送進垃圾掩埋場（No waste is sent to the landfill）」，貝亞則在書裡面定義：「零廢棄是一門哲學，建築在一連串以『盡可能避免產生垃圾』為目標的實際做法上。」

零廢棄生活其實具有很強的可執行性，只要循著書中的5R，任何人都可以將方法應用在自己的生活中，將家庭垃圾縮減到很少。

這五個R分別是在我們常聽到的環保 3R（Reduce, Reuse, Recycle）的基礎上，再加入第一步的拒絕（Refuse）與最後一步的分解（Rot）。貝亞的 5R 是用一個五層的倒三角形來呈現，每層的面積代表可避免的垃圾量，所以你可以這麼解讀：最上層除了是減少垃圾的第一步之外，這層的面積最大，代表透過「拒絕」可以減少的垃圾量最大，以此類推。

Refuse：拒絕你不需要的東西
Reduce：減少你需要的東西
Reuse：重複使用那些你消費買來的（或是購買二手的）
Recycle：回收那些我們不能拒絕／減量／重複使用的
Rot：分解殘渣做成堆肥

貝亞將自己與家人經歷的生活轉變描寫得非常精彩，包含她如何從原本優渥無虞的物質世界中開悟，發現自己真正需要的不多，並透過一步一步「由奢入簡」的步驟，將家中的垃圾減少到一年只有一公升。然而其中真正吸引我的是「零廢棄生活的好處」這一小節，照作者所說，當他們開始這樣的生活後，不但省下可觀的金錢（因為不再做那麼多無謂的消費），也省下許多時間（減少了購物的時間、東西變少清潔打掃更快速），還增進了健康（因為少吃包裝食品、減少塑膠的使用）。這當中對於環境的正面影響很好理解，因為垃圾變少，環境變得更好，但說實話，縱使這些理由十分政治正確，但都還不足以令當時的我心嚮往之，更遑論要激發我起而行動。畢竟如果我覺得環境保護如此重要，我在幾年前第一次看到海龜鼻孔插了吸管或是北極熊瘦骨如柴的畫面時，就應該要深受啟發的，不會到這時都還沒開始做點什麼，身而為人，我到很晚才明白自己有多自私。

但真正扣下覺醒板機的，是在我明瞭到零廢棄生活背後那層隱形的意義——貝亞提出零廢棄生活並非只關於減少垃圾，還有強調享受簡單的快樂，並在簡化生活後把時間花在真正值得的事情，像是交流、學習、與環境互動等等，這些可以統稱為「體驗」的事情上面。當人們把生活重心從物質轉移到體驗上面時，才能夠真正讓人感到富足與快樂，說白話點，就是變成一個更好的人。

我原本以為零廢棄生活只是為了環保，但沒想到在這些「避免產生垃圾」的做法背後，可以讓我有機會變成一個更好、更快樂的人。若是按照步驟一步步執行，就能抵達那樣的境界的話，那這不就像是一本「美好人生的組裝說明書」了嗎？忽然之間，有個聲音說：「這麼好的概念，不能只有我看到啊！」

於是，我回到了 Zero Waste Home 的網站，點進了各國譯本的頁面，原作是在二〇一三年出版的，在二〇一七年二月時已有十四種語言的譯本，細找了一下，鄰近的國家包含日本、韓國都已相繼出了譯本，但唯獨就是沒有中文版。我腦袋瓜裡頓時雷達大響、電燈泡炸出火花。

「也許我該翻譯它。」一個堅決的聲音在腦中這麼說道。下一秒我已來到了 Google 首頁，打上關鍵字：「如何翻譯一本書？」

拜 Google 的幫助，了解到翻譯書的流程大致是出版社若決定要簽一本書，會先向國外購買原著版權，然後才找譯者來翻譯。但是我連目前這本書有沒有中文翻譯在進行中都不知道。雷達又大響了。我心想：「為什麼不直接問作者本人呢？」每一個部落格或網站設立「聯絡我們」一定有它的用意在吧？

向宇宙呼喊我願「譯」——

事不宜遲，我於是打開了 Zero Waste Home 網站上的聯絡頁面，輸入了自己的姓名，接著挺直腰桿，決定要慎重地寫這封信。每次我在做什麼燃燒小宇宙的事情時，我下巴就會打顫個不停，不瞞您說，我那時候邊寫邊聽到耳邊傳來達達的馬蹄聲，那不是歸人，而是我興奮得咬牙切齒的聲音。

在那封信中，第一部分是簡短的自我介紹，以及我如何接觸到她的故事，並深深被啟發。第二部分則是闡述問題，關於這本書目前似乎尚未中文版，不知道現在是否有中文版在洽談中？如果沒有的話，我要如何去翻譯這本書？第三部分則是大力推銷台灣，關於台灣雖然是個小島，但包容度以及多樣性都很高，近來減塑的風氣愈趨盛行；最後是表達誠心希望能有一本關於零廢棄的好書在台灣出版。

我沒有等太久就收到了貝亞的回信，不是一兩天，而是六小時後。我還記得那是個北部冬季典型的冷冽早晨，外頭天光仍是魚肚白。我睜開眼的第一件事是拿起手機收信，身體還在被窩裡的我，像寄居蟹一樣地探了出兩隻眼睛，一看到收件夾躺著一封來自貝亞的回信，我激動地從棉被裡跳出來，光看到寄件人是作者本人這件事就已經夠興奮的了。

貝亞在信裡是這麼說的——她非常樂見中文版的誕生，但這需要先有中文出版商去向她的原作出版商洽談並購買中文版權。她也建議，如果目前還沒有出版商有興趣的話，可以由讀者主動向自己國內的出版商提議，像是日本、西班牙、捷克和斯洛維尼亞就是由粉絲去向出版社推薦，才完成本書的翻譯。整封信在我讀來語調非常輕快，顯然貝亞也樂見其成，我因此從這封信獲得了很大的信心與力量。

收到貝亞的信著實讓我吃了一顆定心丸，很好，至少我知道目前沒有中文版在翻譯當中，所以代表我還有機會！我像在玩密室逃脫一樣，拿到了一條官方認證的有力線索，所以下一步沒意外的話，應該是要去找一家對這本書會有興趣的出版社。可是等一下，我不認識什麼出版社啊！

於是，憑藉著我的小腦袋，「書店」是我想到最可能存在出版社資訊的地方了。索性當天一上班，就趁著中午休息時間繞去醫院地下街的書店，下班後又分別去了連鎖的實體書店，三步併作兩步地跑到「生活風格／食譜料理／居家生活／環保」的那幾列書架上，找出相似類型的書，翻到版權頁處抄下了各出版社的電子信箱，另外也用同樣方式在網路上的各大電子書城找到更多的出版社資訊。最後蒐集到了近二十家出版社的聯絡方式，我於是開始著手計畫下一步。

自從收到貝亞的回信之後，更堅定了我想要讓零廢棄生活被更多人看到的心願，讓我那幾天在醫院有些魂不守舍，一直期待下班可以著手進行下一步。一股難以名狀的熱血不斷自心底沸騰，是的，我打算寫一封自我推薦函給各個出版社，請他們考慮簽這本書之外，還要聘我來擔任譯者。長大的路上，除了曾經為了可以中午不用睡覺而自薦擔任風紀股長外，還真的沒有做過那種「請相信我，給我這份工作吧！」這樣的請求。所以，接下來要做的事絕對值得被放在我人生的跑馬燈裡，叫做「神聖の毛遂自薦」。這件事我非做不可，因為我心深處知道我不會有任何損失，但是若不寄這封信我一定會後悔。

以下是我的自薦信：

〇〇出版社您好！

我叫做尚潔，目前是〇〇醫院的實習醫師，雙主修中西醫學，曾擔任過英語網站的口說節目主持人。

由於我近年來對環保議題很有興趣，正巧現在台灣「不塑 No-plastic」的話題越來越興盛——Facebook「不塑之客」社團有兩萬多成員[1]、「Zero Waste Taiwan 台灣零

1　2017 年二月，臉書「不塑之客」社團有兩萬多人，2020 年六月已達二十二萬人。

廢棄」也有六千多名成員。「零廢棄生活」是一種生活的方法及態度，中心思想不全然是不產生任何垃圾的修道士生活，而是如何減少生活中的浪費的生活習作。我想詢問的是不曉得貴公司是否有興趣取得 Bea Johnson《Zero Waste Home》這本書的翻譯權，日前有親自詢問 Bea Johnson 本人，她表示目前無中文版翻譯交涉中，很樂見其成，也有提供美國出版商的聯絡資訊。Bea Johnson 自二〇〇八年開始身體力行零廢棄生活，是國際上引領零廢棄生活運動的重要推手，被紐約時報稱為零廢棄教母，並曾受邀在 TED 及 Google 演講。

這本書更是首本以 Zero Waste 為主題的生活指南，目前已經有十四國譯本，也是亞馬遜網站上環境類別的暢銷書。

我很有興趣翻譯此本書，因此想詢問貴公司的意願，以下附上簡短的試翻。

敬祝生意興隆，書籍大賣！

尚潔 敬上

因為早先的資料搜尋，了解到應該要附上一份試譯稿才能完整一份推薦信。所以就選了書裡頭我特別有興趣的「女性衛生用品」那一小節當作試譯。這下子自薦信完成了，試譯稿也附上了，我把對宇宙的呼喊彌封在這封信裡，總共寄給了十七家的出版社。

等待回音的日子顯得漫長，寄出隔一週內，就有兩家出版社回應說有點興趣，但是我再回信後就又石沉大海。

於是我回到了往常生活，依舊清早起床去醫院上班，只不過有些事情不一樣了，在看了書之後，我竟開始做出一些不尋常的事——像是從櫥櫃深處挖出了朋友幾個月前送我和阿選的環保杯，那是朋友去吉里巴斯當外交替代役歸國的伴手禮。這款澳洲設計的杯子主打可以自由選擇杯蓋、隔熱套及杯身的配色，而吉里巴斯的限定色則分外有豔麗的海島風範，只不過螢光粉配草綠色的組合對我來說，真的有點太……太艷麗了。收到時我小聲地倒抽了一口氣，嘴上說了謝謝，但默默在心底唸了聲南無阿彌陀佛，迴向給這可憐的杯子配色，然後就此將它們束之高閣，冰凍在櫥櫃深處。

俗話說得好：「做人不要太鐵齒」，當時怎會料到自己幾個月後竟會興高采烈地翻出這兩個杯子，還洗乾淨塞到背包裡（另一個塞進阿選的背包裡）。上班時我如往常地經過樓下便利商店，兩年的醫院見實習生活以來，那是我第一次用環保杯買咖啡。我相信地球母親不管是地下還是天上有眼，一定很為我感到驕傲——這個資質駑鈍的孩子，終於在犧牲了至少三百個免洗咖啡杯後，開悟了。

接到一通未知的電話——

二〇一七年三月初，距離我寄出自薦信快三個星期，一天傍晚我正在家吃晚餐，準備接著去上晚上七點的急診夜班，這時手機響了，顯示著 02 開頭的號碼。電話接起來了，另一頭一個充滿歷練的聲音說話了：「尚潔妳好，我是遠流出版社的總編輯。」

我已經忘記當時自己第一句話回了什麼，但如果我的心會說話，那它絕對是在尖叫。總編表示遠流很有興趣去簽這本書的中文版權，因為我是第一次翻譯，而且從來沒合作過，出版社那邊其實有點擔心，但她有看過了我的試譯稿，願意讓我試試看。總編先問了我為什麼想翻譯這本書，還問了：「那你自己有嘗試過書裡面的零廢棄方法了嗎？」

「有……有！我現在出門會自備自己的餐具和環保杯，也開始使用竹牙刷、手帕、月亮杯……。」我一時片刻有點結巴語塞，不是因為心虛，而是因為真的太緊張了，小心地捧著電話深怕摔碎了宇宙給我的回應。總編聽到月亮杯時笑出聲來，似乎是覺得夠了夠了我信你了。但其實我還有很多沒講完，那時候我其實在拒絕不需要的東西以及自備容器上，都越來越有心得了。

掛上那通電話後，我驚訝地愣在原地半晌，我無法想像我的小小心願竟然正在實現中！接下來等待出版社簽下中文版權的日子，更是令人難耐，我像在肚子裡孵一個即將破繭而出的秘密，忍著只和阿選及密友說，甚至時常有這一切都是夢幻泡影的錯覺。三月底，遠流正式簽下了《*Zero Waste Home*》的中文版權，那一天總編來信捎來這個好消息，信裡頭還說：「期待和你合作，我覺得你有熱情做這件事一定會做得不錯的。」於是乎，我這個「零」翻譯經驗的初生之犢，要真的開始翻譯這本「零」廢棄的書了，而期限只有短短的三個月。

加護病房裡的一眼瞬間——

還記得我接到總編電話的那個晚上，電話掛上後，我心裡揣著這個好消息，步伐近乎跳躍地走去上急診夜班，一路上看什麼都順眼，連平時在醫院圍牆外，邊扶著點滴架邊抽菸的病人都沒讓我皺上眉頭，經過時還在心裡合十念聲阿彌陀佛，祝他平安健康。

上班才過一兩個小時，急診檢傷傳來 Trauma Blue（啟動外傷急救小組），送來的是個全身百分之八十、三度灼傷、懷疑在車內自焚的男性患者。患者送來時還有意識，但全身如同焦土，真皮層都被燃燒殆盡，殘餘的皮膚如糖果紙般藕斷絲連在燒到白化的肌肉上。當晚值班的大家全湧進了急救室，我負責最基礎的工作——先做心電圖、插尿管與抽動脈血。在做心電圖時，需要在患者胸前貼上六個電極貼片來偵測心臟的電氣活動，而那是我第一次遇到貼片根本貼不上去的情形，因為一黏上去，導極就連同燒焦的皮膚像牆上風化的油漆一樣剝落，最後只好邊掉邊撿才勉強做出一張完整的心電圖。

因為一切事發突然，沒有人知道患者是遭遇車禍意外還是意圖自殺，但當大夥開始放置各式體內管路（插管、鼻胃管、尿管、靜脈留置針）時，病患非常躁動，甚至一直搖頭要出手拔掉這些東西，彷彿是要大家不要再救他，主治醫師大聲嚇止，眾人一邊壓制才能繼續完成手上工作。

在三月初那晚在急診有過一面之緣後，四月初我輪訓到了整形外科，又在燒燙傷加護病房看到同一位患者。我的工作其實簡單到近乎無聊，就是在護理師們翻身換藥時在床頭扶好氣管內管，因為大面積燒燙傷患者換藥時，需要換頭面及背後的傷口，氣管內管的固定繃帶也會一併更換，所以一定要有人守護管子防止脫落，確保氧氣能持續供應。

沒有意外地，那位先生是加護病房裡換藥面積最大的人，傷口遍及頭皮、臉到軀幹和四肢乃至每一根手指頭。而每次翻身就是患者最痛苦的時刻，他會睜開已經沒有睫毛而且潰爛的眼瞼往上看，而我站在床頭除了扶管子也沒其它事可做，一開始眼光不知道放哪，但很快地我就決定要看著他，我甚至會刻意睜大眼或是眨眨眼，用眼神跟他說再撐一下。我不知道他看不看得到，只好想像自己的意念能穿透我們倆瞳孔間那三十公分的距離，給他一點點關懷也好，加油打氣也罷。漸漸地，我期待起每天下午四點的換藥時間，雖然我的功用少得可憐，但這代表我是整個病房內時間最寬裕的人，我絕對有餘力給予他一眼瞬間的無聲支持。

我在短短的一週後便離開了燒燙傷加護病房，但是全身繃帶的他卻不知道還要在裏頭待多久，更不用去想後續植皮與復健的日子有多漫長。如果一開始的燒灼造成的他肉體上極劇的疼痛，那麼躺在加護病房裡所經歷的內心孤獨大概更是二度傷害。雖然不該將別人的痛苦拿來比較，但當我忙碌到又不能吃飯睡覺時，他的樣子便會浮現。在目睹那樣的經歷後，人生比那更辛苦的事好像也不多了。

醫界大老面前的置入性行銷——

在我正式與出版社簽約接下翻譯工作後，三個月的時限便無情地開始進入倒數。那三個月剛好橫跨了西醫實習的最後兩個月以及中醫實習的第一個月。然而我在還不確定是否會接到翻譯工作前，才甫接下了西醫結業影片的負責人一職。結業影片是我們歷年實習尾聲的傳統，會由當屆實習醫師們自導自演、拍攝剪輯，最後在結業典禮上播放。劇情通常不外乎是敘述一些醫院生活中特別好笑或特別慘烈的故事。我因著以前的編導經驗，加上同學們的威逼利誘、曉以大義下，終究勉為其難地接下了這個重責大任。

而當我同時開始翻譯第一章後，才驚覺自己真的是太天真了。身為一本書的讀者和譯者根本有著天壤之別——身為讀者，看到一百個不會的單字，就算跳過可能也不足為惜，甚至不影響理解；但身為譯者，你不但要逐一打破砂鍋找到最貼實的語意，還要顧及中文的通順與邏輯性。外科實習當前，翻譯與結業影片兩頭燒，我先趁值班空檔間完成前兩章的翻譯，然後來個斷尾求生——先棄翻譯救影片。

我們結業影片的故事線其實很芭樂——三個命運大相逕庭的實習醫師，在值最後一班時遭遇到科學無法解釋的命運錯置，於是角色對調後衰事連發，最後靠著三人齊心協力，安全下莊。

身為導演的我因為心繫環保與零廢棄，縱使身體無法同時間做翻譯，也費盡心思要為環保盡點力，於是在劇情中安插去超商買咖啡的橋段：

最後一班只剩下八小時就要結束了，三位主角相約來到了醫院地下街，一個拿著漱口鋼杯，一個拿著保溫杯，還有一個拿著我那個吉里巴斯來的豔麗環保杯。碰巧超商正在進行買三杯特調送一次咖啡占卜的活動。

甲醫師：「我們要三杯特調，我請客！」

乙醫師：「那麻煩用隨行杯裝！」（遞上自己的杯子）

店長：「沒問題沒問題，隨行杯一杯折三元，總共是一百七十一元。」

這段對話雖然沒有任何劇情含量，但是卻蘊藏著我小小的心機。我一想到不管這片拍得好或不好，終究都是要在結業典禮上播映的。屆時底下會坐滿醫院各科的主治醫師，在這教授大老雲集的場子，我不趁這時候置入性行銷，更待何時？所以我特別請求演員們一定要字正腔圓、清楚地說出：「隨行杯」這三個字。希望片子看完，觀眾會有「隨行杯、隨行杯、隨行杯」的空谷回聲在腦海中迴盪。

結業典禮當天，不知道我的計謀是否成功，但是第一排的大老們都笑得很開心，也好，至少表示他們不討厭隨行杯。會後大家移駕到會議廳外享用點心時，我默默抽出自備的便當盒開始不客氣地享用，因為前一天輸出影片到凌晨，早上沒吃什麼就衝到會場試播。結果回顧當天和同學的合照，全都是我嘴裡塞滿東西，手裡拿著便當盒的樣子。

很多同學在結業當天不約而同地拍拍我的肩，告訴我：「妳辛苦了！一切都結束了！終於可以好好休息了吧！」我只好投以尷尬又不失禮貌的微笑，因為我有一本十多萬字的書要等著我翻譯，還有責任編輯站在我後面，她非常火。

全世界幫我一起翻譯——

西醫實習正式畫上句點後，我抽籤抽到了要南下去高雄院區進行中醫實習，這麼一來，我除了要告別待了七年的林口外，更令人焦慮的是暫別阿選。

但時間倉促下也沒由得我慢慢搬，因為我還會再回來林口交換訓練一個月，索性就帶著幾件夏裝和幾本書，輕便地南遷到澄清湖畔。南台灣的六月已是豔夏，我還沒來得及喘口氣，就進入了水深火熱的翻譯工作中。三個月的翻譯時限一轉眼只剩不到四十天，所以六月一開始，我幾乎在吃飯、睡覺以外的時間，只要眼睛睜開就是在翻譯。

中醫的實習跟西醫大不相同，大部分都是在門診診間進行——在內婦兒科，實習醫師就坐在主治醫師後頭，觀察老師的診治方法、開藥思維，適時地一個箭步上前問患者：「可以借我把一下嗎？」；在針灸傷科，就跟著老師逐床幫忙，學習選穴及手法，時機成熟也能一個箭步上去針一下。也是在那一個月裡，我明瞭了時間與潛力原來真的是可以被擠出來的——我會趁著跟診空檔，上一秒還在抄用藥處方，下一秒拿起手機的記事本埋頭翻譯；週末回台南老家，火車上沒有位子就站在走道上翻譯；我媽在六月份開刀住院時，我就窩在家屬椅上翻譯，而她術後醒來跟我說的第一句話，不是女兒我愛妳，竟然是：「女兒，妳翻到第幾章了啊？」

翻譯的過程中極度高壓，最後那個月，每天夜裡總是撫按著兩隻疲憊的雙眼入睡的，但縱使如此我內心卻充滿了感恩，因為自己深知能順利得到翻譯機會，並且真實地在做這項工作，是多麼地不可思議。而且正因為這個機會是自己掙來的，更要好好負責到底，沒有半途而廢的選項。而身旁的人好像默契十足般地讓我盡可能專心致志於手頭上的翻譯工作——我的室友因為知道我在翻譯一本好像很環保的書，所以幾乎一整個月讓我搭伙不用煩惱中餐的著落；而我爸媽則在我每翻完一章後，會守著電子信箱幫我試閱改錯字；還有阿選每日隔著話筒傳來支持，以及週末跨越整個西部海岸線南下，搧風、庇蔭、餵食，標準新聞畫面中陪考家長般的暖心陪伴。

一天翻三到五千字，是我那些天裡每日給自己的目標，因為譯者的身分，我得以先天下地閱讀這本書，我像是個駐紮塞外的士兵，晝夜匪懈保衛邊境的代價是得以暢飲最新鮮的葡萄美酒。雖然我和作者有著截然不同的成長背景，且年紀相差了近二十年，卻驚喜地發現童年的貝亞跟我同樣喜愛羅蘭・英格斯《草原上的小木屋》系列，也著迷於藝術與創作，看見有興趣的事情就會想要馬上去嘗試——當我翻譯完廚房章節時，我被下蠱似地從老家翻出幾個我媽收藏許久卻鮮少用的束口布袋，回過神發現自己已經拿著袋子在櫃台結帳買麵包；翻譯完浴廁章節時，就去買了竹牙刷，然後用自己現有的椰子油加上宿舍前房客留下來的小蘇打粉，刷了滿口又鹹又澀的自製牙膏味；翻譯完工作空間的章節後，我便向門診的護理師攔截那些即將進碎紙機的單面廢紙，將它們集中拿來寫筆記；而在我翻譯完「數位排毒」那個章節後，便不帶一絲遺憾地把手機裡的社群媒體程式一股氣刪光，自此翻譯的效率又加倍提升了。

有鑑於這是本以美國在地書寫的書，我在書末補上了一些關於台灣本地的資源，包含一些無包裝商店、網站以及地圖連結，然後就在拖稿一星期後，我總算把這整本書的翻譯完成了，總共十六萬字，但我與編輯之間的魚雁往返仍持續進行了一段時間，把缺漏的、不連貫的部分陸續補齊，耐心十足的編輯最後還幫我寫了一份翻譯的回饋與建議，令我這個半路出家的菜鳥譯者感激涕零。

後來《我家沒垃圾》於二〇一七年九月上市，從我寄信給出版社毛遂自薦開始算起，大約歷時半年左右。九月底，我自宿舍管理室簽收了一份包裹，一拆開後是兩本實體的《我家沒垃圾》，那一天我一路笑著蹦跳回房、笑著洗澡、笑著入睡，我從來沒有想過自己的名字可以被印在一本書的封面上，而我也總算了解到這是需要傾注多少心力才能達成的事。我難以想像當初腦袋中一個細小的呼喊，竟然能蓄積這麼大的力量，並扎實地促成了一本書的出版。倘若要說我因為零廢棄學到了什麼，第一件事就是不要小看你的願力，因為在這整個翻譯過程中，我最深切的感受是——當你以「利他」為目標的時候，全世界都會集合起來幫你。

遇見零廢棄教母——

就在《我家沒垃圾》正式出版前夕，我接到了出版社的通知，作者竟然要來台灣了！貝亞預計當年年底要來亞州巡迴演講，此行包含幾個亞州的大城市，其中最主要的目的之一就是來台灣宣傳繁體中文版的上市。

我猶記得那晚的接風餐敘，台北一如往常飄著微雨，我和阿選從捷運站出來，步行到餐廳的路上我請他幫我錄影，畫面裡的自己努力撐著笑容，試圖用期待萬分的表情來掩飾自己的忐忑不安。「今天我就要去見到 Bea Johnson 本人了」我這麼對鏡頭說，好像自己在拍什麼追星特輯，能見到貝亞・強森本人大概就像是彭倩文（《哈利波特》的中文譯者）見到 JK・羅琳，或是醫學生遇到了希波克拉底本人一樣的概念。

那天的餐敘在餐廳的地下室包廂裡，從外頭馬路上還能透過氣窗瞥見地下室發散出的溫暖黃光。進去前，我彎著身透著玻璃窗朝裡頭望，一眼就認出貝亞高瘦的身影，頭戴著她招牌的黑色貝雷帽，我的心跳得更快了。進入餐廳後，先映入眼簾的是和我書信多日的編輯本人，還有一開始打電話給我的總編輯，這些原本只見其文字、只聞其聲的人，倏地成為面前真實的臉孔，原來網友見面會就是這種近鄉情怯的感覺。

越過了一道樑柱，我偷偷拭掉溢出眼角的淚水，深深吸了一口氣，迎向貝亞向她自我介紹，用微微顫抖的聲音告訴她我是譯者，很高興終於見到她，貝亞於是抱了抱我和我說了聲很高興見到妳。當天晚上出席的除了貝亞、出版社的編輯團隊之外，還有幾位來自各方的環保團體代表，出版社安排大家一起於餐後分享台灣目前減塑與零廢棄社群的發展現況。酒足飯飽之際，由我開頭拿出了事前準備的簡報，和在場的大家簡介了我翻譯這本書的故事，包含從寫信給作者到向出版社自薦的過程，並分享我去拜訪過的台灣無包裝商店，以及自己開始實行的一些零廢棄練習。那可以算是我在開始零廢棄生活後的第二場公開分享（也是迄今唯一一場英文發音的），在我把翻譯過程詳實說出來後，貝亞才恍然大悟，了解到我是當初寄信問她有沒有可能出中文版的那個女生，她連連驚呼出版速度怎麼這麼快，「妳說這本書多久上市？半年？妳確定他們沒威脅妳？」她假裝用氣音問我，大夥笑成了一片。

出版社除了邀請我參加貝亞抵台當天的餐敘外，也同時詢問我願不願意擔任新書發表會的逐步口譯。我一開始有些遲疑，畢竟翻譯書籍和口譯是兩碼子事，中間也詢問了一個念師大口譯所的朋友，從他那裡得到許多的寶貴建議，包含事前準備與逐步口譯的筆記技巧，朋友也鼓勵我說能為自己翻譯的書籍作者口譯，該會是多麼興奮的一件事！於是為了有藉口可以多目睹作者風采，我最後決定接下這個口譯機會，並把作者在網路上找得到的所有演講影片全細看了好多遍，把每一張投影片與逐字稿整理出來，再準備好中文翻譯。接著將實習累積的單面廢紙釘成一本筆記本，把翻譯重點抄寫在上頭。同時安慰自己既然已經翻譯完書，對於作者生活實況與用詞遣字該稱得上熟悉，剩下的就靠臨場反應來面對了！

餐敘結束隔天，貝亞大概是因為舟車勞頓加上沒睡好的關係，竟然重感冒到近乎失聲，眼看當天上午有一場演講，下午還有在信義誠品的新書發表會，我和阿選在中午吃飯時間（同時間還有記者訪談），問了貝亞願不願意試試中醫的耳穴治療，「但是會有小小的垃圾唷！」我補充說道。沒想到她一口答應，還說：「當然好啊！這種體驗哪裡找！」於是毫無畏懼地成為了我手上第一名的法籍患者。

用餐中間，我們問她是用什麼樣的態度去看待周遭「不夠環保」的人，她說：「沒有哪一種生活方式是最好或最優秀的，也沒有人有權力去指導別人該如何生活。」這也是我在後來每一場演講中試圖傳達並警惕自己的——作為一個菜鳥講者，我要分享的是知識與體驗，讓更多人認識這樣的生活方式，有幸地話引起聽者的興趣，甚或引發嘗試的動機，但若什麼漣漪都沒激起，那也沒關係。但我相信一個生活習慣能執行長久，應該是因為體會到過程中帶來的快樂，而非傳播者多麼賣力揮舞手中的教鞭使然。

在前往信義誠品的途中，十二月的台北街頭飄著細雨。當我們走到一個大路口時，貝亞提議說：「嘿Jessica，我想和妳在這裡拍張照，最好是有點瘋狂的那種！」於是我手裡拿著當初自己買的那本原文書，她手裡拿著我翻譯的中文版，兩個人就在編輯團隊的圍觀下，在濕冷的人行道上跳躍了十幾次，由阿選掌鏡拍出我們兩個漂浮在空中的照片。

那一天在信義誠品的演講圓滿落幕，原本緊張萬分的口譯工作也順利完成，當天的講堂塞滿了熱情的各國讀者，除了本地人，也有遠自越南、馬來西亞、美國、法國來的朋友，光會後的簽書就簽了快一小時。中間好多人過來和我致意，謝謝我翻譯了這本書。我站在誠品書店的挑高廳堂裡，看著這些萍水相逢的面孔

2017 年我（右）和零廢棄教母貝亞（左）的初見面。作者與譯者在下著雨的台北街頭瘋狂跳拍。

自問道：「是我聚集了大家嗎？」是或不是其實沒那麼重要，今天就算不是由我翻譯，這本書終究是會進來台灣的，只不過最初發的小願，竟然可以匯集成這麼大的力量，實在很不可思議。

會後傍晚，我們一行人來到了寧夏夜市，帶著簡單的容器，向貝亞介紹這個台北以環保著稱而且不提供一次性用品的夜市，並邀請她享用台灣特色的夜市小吃。看著她不帶一絲遲疑地大口吃著豬肝湯、鹹水雞、臭豆腐，我真的很驚嘆她的隨和與自在，出版社也說第一次碰到作者行囊如此簡便（一個小皮箱和一個隨身包包），也沒有要買這買那，也許這就是零廢棄在她身上施展的魔法吧！後來我們途經一間藥局，在阿選醫師的幫忙下，不但買到了感冒藥，竟然還買到散裝的，只見貝亞掏出了餐具套，將幾顆藥丸裝起來，興奮直說這是她第一次買到無包裝的藥品。

那天晚上我們載著貝亞回到了住處，下車時她給了我一個深深的擁抱，謝謝我們短短兩天的陪伴，也謝謝我幫她翻譯了這本書。隔天一早她在自己的社群媒體上發佈了那張我和她飄在台北街頭的照片，文字說明寫著：「和我的譯者Jessica一同慶祝繁體中文版的上市！她是一個醫學生，在看完原文書後決定找出版社並完成了翻譯，萬般感謝她把零廢棄帶到世界的另一端！」我一看完發現自己淚水早已潰堤，好似哭完了一水缸的眼淚，我才終於停了下來。遇見零廢棄教母，讓我可以從近身觀察中得到零廢棄魔法的應證——這種生活方式並非限制不能產生垃圾，而是將對物質消費的重心轉移到生活體驗上，讓自己能有更多實體及心靈空間，去享受簡化生活所帶來的快樂。她在台北的經驗後來被她寫進了部落格文章：10 THINGS I LEARNED ON A SPEAKING TOUR IN ASIA（可以去裡頭找我和阿選的影子）。

貝亞離開台灣後，我像做完一場如露亦如電的大夢，那是成長過程中少有的練習——歸零。這一年蓄積的壓力與高能量的輸出終於得到緩衝。生活漸漸地回到了常軌，但不同的是我獲得了前所未有的零廢棄靈感，我更有動力去拒絕那些可有可無的餐巾紙和垃圾郵件，也計畫要找尋更多的無包裝用品，還有我興致勃勃地想將目前擁有的東西進行第二輪簡化。於此同時，我也開始將自己的零廢棄經驗寫成文章，分享在自己的部落格上，但那時候我的讀者還寥寥無幾，只有我的幾位大學同學，當然還有始終如一的頭號粉絲阿選。

我如何開始零廢棄生活：五分之三的練習——

一年前的我穿梭在白色巨塔裡，不時抱怨著自己沒有時間做自己想做的事，時常羨慕身邊那些「知道自己要的是什麼」的人，而好不容易休假時，又只耽於當個懶妞。但自從踏入零廢棄生活後，我陸續發掘了埋藏心中許久的創造力，學習的熱情竟然像甘泉般汩汩地冒出。以上這段話若套在什麼健康食品的廣告文案上，肯定會被食藥署當作膨風廣告來取締，但客官啊！我葫蘆裡賣的藥不用錢，若你茫然不知從何開始，我誠心建議將5R當作指導方針，但先挑出前3R，光使出五分之三的力量，就足以幫助你避免掉絕大部分的垃圾了。

拒絕 Refuse

所以我們先從「拒絕」你不需要的東西開始練習，這個步驟CP值很高，只需要花一些口水和眼力就能減少可觀的垃圾量。你可以拒絕買菜時的塑膠袋和發票、拒絕路上發的免費試用品、拒絕餐廳內用時提供的一次性餐具，也可以拒絕非請自來的廣告信件，生活中可以拒絕的東西實在是太、多、了！但是肯定會有個勤儉持家（貪小便宜）

的聲音在你耳邊下咒：「拿啦拿啦拿啦……」反正免費的不拿白不拿啊！且慢，到這裡你可能要思考一下，免費的東西有可能是好貨嗎？它們是不是都有一些共同特質？例如：輕薄短小、分量少、一次性、丟了也不足惜、常是一大包一大包在賣的。量這麼大，多我這一份到底會有什麼影響？說實在，立即的影響也許是不甚明顯，但請讓我用一個我很喜歡的「贈品齒輪」來解釋給你聽——我今天若不索取試用品，那麼就會少一個試用品被分送出去，那麼倉庫端就會少補一份貨，然後工廠便會減少一份產品的製作，一直追溯到源頭，就會少一點石油或自然資源被開採出來做成那些商品、瓶罐或包裝。一個索取的動作代表拋出一個需求的呼喊，告訴上游的製造者：

「嘿！可以再幫我補一份隔離霜試用包嗎？」

「欸！雖然我家已經有一百支可以寫的筆了，我還是拿了一支可有可無的免費原子筆唷！補貨的人有聽到嗎？」

簡而言之，拒絕就等於減少資源的需求與耗竭。而拒絕是一件雙手空空就能做的事！

但是拒絕免費的試吃試喝品有時候很違背自己的口腹之慾，尤其在日本逛伴手禮店時，我和阿選兩人只能一邊拽著自己大腿肉，一邊命令自己的唾液腺不要太猖狂，我們口是心非地拒絕了所有遞到我們面前的小點。但幾次下來心中難免有那麼一點委屈——「難道因為零廢棄我就要被剝奪嚐鮮的機會嗎？」有一次我們去到九族文化村，前方正好有販賣小米酒的攤位在提供試喝服務，用的是常見的一次性小紙杯。我們心想要怎麼樣不用到紙杯又可以試喝呢？所以向店家詢問可否將酒倒進我們的環保杯裡，只見那位小米酒仁兄眉頭深鎖面露尷尬，我才驚覺自己拿著五百毫升的杯子向他要酒來喝的畫面簡直不成體統，才連忙解釋說：「請別誤會！我們是不想浪費紙杯啦！」只見仁兄立即撥雲見日，燦爛地笑著說：「我以為你要跟我拚酒量啦！唉呀，我把小杯子裡的倒進去就好了嘛！小杯子我還能再繼續用啊！」我突然被打通任督二脈，對耶！這樣不就解決了嗎？只不過後來我們是真的碰到「不喝會很惋惜」的試喝品才會這麼做，若是現場人潮很多我們就不會進去湊熱鬧，畢竟為了一口的享受而花時間排隊或花費唇舌去協調避免垃圾（還不一定會成功），對我們來說實在太不符合成本效益了。

拒絕也是一個修練心性的入門方法，一開始有可能會碰壁或是被扯後腿——拒絕了吸管，卻仍不小心送了上來；拒絕了贈品但同行的人不一定會，還熱心地連你的份一起拿——但請不要氣餒或氣急敗壞，這些其實都是常態，踏出常態才有可能成就不凡哪！我曾在湯包店內用時，店家卻送上了紙盒裝的湯包，我困惑不解地詢問：「請問我不是點內用嗎？」而被店員語帶睥睨地回說：「啊你這樣不能吃嗎？」弄得好氣又好笑，是啊！這樣不能吃嗎？後來也只能摸摸鼻子吃完湯包，承認這局是我的失誤，如果能在消費前眼觀八方，了解店家的上菜方式，也許就能避免這一切的發生，而店員也是無辜的，因為店家標準作業流程的關係，他們本來就沒有義務要記得每一個客人的「特殊需求」。也是到了那天，我才驚覺自己因為零廢棄而把自己放得太大，猶如置身在馬路正中央，覺得全世界和我相衝，但其實世界一直都是這麼運轉的，只是我變得不同了。

減量 Reduce

當你練就了一身能臉不紅氣不喘的拒絕功力後，接下來就進入倒金字塔的第二層：「減量」。減量減的是什麼？就是減少你需要的東西，也是時下流行說的「斷捨離」，因為超過你真正需求的東西，通常很大的可能性最後會進到垃圾桶裡，或者跟進到垃圾桶裡沒兩樣地在角落生灰塵，譬如：因為划算而買的大桶鮮奶（一直被期限追趕而狂喝）；為了湊額度而多買的幾雙襪子（最後發現真的很少穿）；或者更大更昂貴的品項，例如嬰兒用品、奢侈品、家具、房子（買了一堆玩具但孩子真正鍾愛的竟然是條破爛的小被被）。「減量」這個步驟算是零廢棄過程中最耗心耗力的部分，因為你勢必得地毯式地考察自己所擁有的東西，幾件衣服、幾雙鞋子、幾個包包，再到得意的收藏、廚具杯碗瓢盆等——「當你擁有不需要的東西，你是在剝奪別人使用它的權利」貝亞如是說。而近藤麻里惠的「令人怦然心動的魔法」同樣也告訴你要清掉那些不會有「怦然心動」感覺的物品，但是如果維持原本的消費習慣，不從源頭做節制的話，怦然心動的東西只會越積越多，最後蠶食鯨吞掉你的生活空間及整理時間，你終究會被這些東西奴役而一點都心動不起來。所以我仍建議在怦然心動之前，你應該在物品還沒進到家裡之前，更誠實地質問自己：「你到底需不需要這個物品？你是不是已經有類似的東西？能不能先用租借或是購買二手的？」

在我們要搬離在林口的前住處時，我們進行了一次斷捨離體驗，才明白自己某種程度上也是囤積高手。還沒開始零廢棄前，我們其實稱不上購物狂，頂多一季買一兩件新衣服，遇上特別活動，例如面試、參加親友婚禮、出國旅遊時，也會添件新衣服，而我們兩個囤最多的衣服種類大概是球衣，一年訂做一件隊服，少說也有八件，還有參加比賽的各色紀念T恤一字排開也能集滿七色彩虹，再加上運動襪、排球短褲等等就佔滿了一個一公尺寬、五十公分深的大抽屜。

那一次的搬家之於此生大概可譬如人類的史前大遷徙，我們清出了零零總總約幾十項「堪用但沒在用」的物品，包含玩偶、化妝品試用包、裝飾串燈、瑜珈墊、陶瓷撲滿、縫紉用具、數個不織布環保袋等，我將它們一一拍照上傳到臉書社團（名為××醫院出清拍賣互助專區），全部免費贈送！當天中午才發文，兩個小時內竟然全部索取一空，並且效率之高地相約傍晚六點在附近的超商面交。那個時候我才驚覺一個事實：免費的東西吸引力真的很大，還有——我放到生灰的物品竟然是另一個人眼中的寶物。

傍晚六點一到，我提著大包小包準時出現在超商門口，從周圍路口不知從何冒出各路人馬，共通處是眼角帶漫畫星星，目光筆直地射向我，接著大夥毫不保留地迎上前來，讓我感覺是被丟進錦鯉池裡的吐司邊——原來這就是受歡迎的感覺！原來被簇擁的感覺這麼美妙！每個人向前與我索取各自要的物品之後，有人覺得很不好意思直道謝，還有人送了我她自己做的蛋黃芋泥球，而一位索取瑜珈墊的大姊在接過瑜珈墊後，用高頻聲線武斷地說：「唉呀妹妹，你一定就是因為做瑜珈才這麼瘦的呀！呀哈哈哈！」雖然被說瘦是滿開心的，但我不忍心告訴她就是因為沒有做瑜珈才要把墊子送出去的這個事實。然而看到自己送出的東西讓對方這麼開心，莫名地也被提振了精神，前幾天因為清出這些物品的焦慮情緒煙消雲散。說出來不知道你信不信，但是前些時候才因為鄰近畢業求職季，而大大受到懷疑的自我價值，也竟然因為一個贈物的動作，而實際得到了撫慰（原來我送出的東西能讓有需要的人感到快樂，噢我應該算好人吧？應該值得一聲我真棒囉？）。因此，之後到各地分享時，我總是大力鼓吹聽眾若覺得沒人愛你，或是想嘗嘗受歡迎的感覺，那真是時候把自己用不到的東西整理出來，大方贈送出去。

重複使用 Reuse

當你可以成功拒絕大部分不需要的東西後，總不能拒絕了免洗筷之後回頭用手吃麵吧？也因此接著第三步的重複使用就變得至關重要——好好使用那些你已經買來的、現有的東西，或者有新需求時，優先考慮租借或購買二手的品項。不知道大家有沒有發現，做環保這件事在這短短十年中透過「不願面對的真相」、「氣候危機」、「減塑」、「零廢棄」、「永續」、「循環經濟」、「氣候大罷課（Fridays for Future）」等關鍵字默默在社群媒體中茁壯發芽，無論是十萬火急的森林火災、即將比魚多的海洋垃圾，或是各式各樣的環保商品（從環保吸管到各種的環保杯、食物袋、摺疊便當盒）推陳出新，這些資訊與商業活動背後代表環境保護及永續經營的意識逐漸高漲（值得歡呼一下！），但是，若要將環保生活變成「普遍意識」，我們需要更多人一起回家翻箱倒櫃，讓擱置許久的好東西再現風華！

我用的容器大都是家裡閒置的保鮮盒，其中有一個我讀國小時買黑人牙膏贈送的塑膠便當盒，我還清楚記得那時如果我媽用它帶便當給我吃，我還會覺得很丟臉，因為別人都有無嘴貓或是雙層的卡通便當盒，而我的上面竟然是黑人牙膏先生可惡的笑臉。隨著時間過去，蓋上的黑人先生早被洗盡鉛華剩下淺淺的輪廓，而我也長大了，但因為它很輕便，至今反而是我最常使用的盒子，裝過無數的東西，所以去到不同地方分享時，我都會講到這個故事——關於物品的使用，也是會日久生情的。

開始零廢棄生活後，時常、總是不斷在面對這樣的十字路口，會發現自己產生掙扎和兩難，我的方法是，做一個你不會後悔的選擇：用舊的或是買新的都好，然後要感到快樂——就算選擇用舊的，不要覺得東西不美不開心，因為想想它跟著你去過的地方發生過的事，你從舊物中發掘的意義與共享的情感，便是讓你感到快樂的來源；倘若選擇買新的，也不要因此而感到慚愧或煩惱，反而要更加確保你此次的購買值得，所以要審慎挑選耐用、材質好的東西，讓它在未來能陪你走得更久（當然你也能先在二手市場找找，說不定能用好價格買到幾乎同等值的好物呢！）。

開始零廢棄生活的五樣好物——

我理想的環保生活是讓每個人都可以輕易開始，用現有的資源，立即開始。就從挑戰用五項用品度過二十四小時開始。

1手帕（就是一條布）

小時候升旗檢查的手帕、寶寶時期用的紗布巾是否被塞在家裡衣櫃的某處？老爸、爺爺隨身攜帶的格紋手帕裡難免有條被閒置一旁，或是那件褪色破損還沒丟的棉質T恤（簡單裁成合適大小，手縫收邊）。這些都是你潛在的手帕來源，請慎選一條手帕，一條就足夠、兩條可以替換、三條可以放在不同包包裡比較不會忘記。

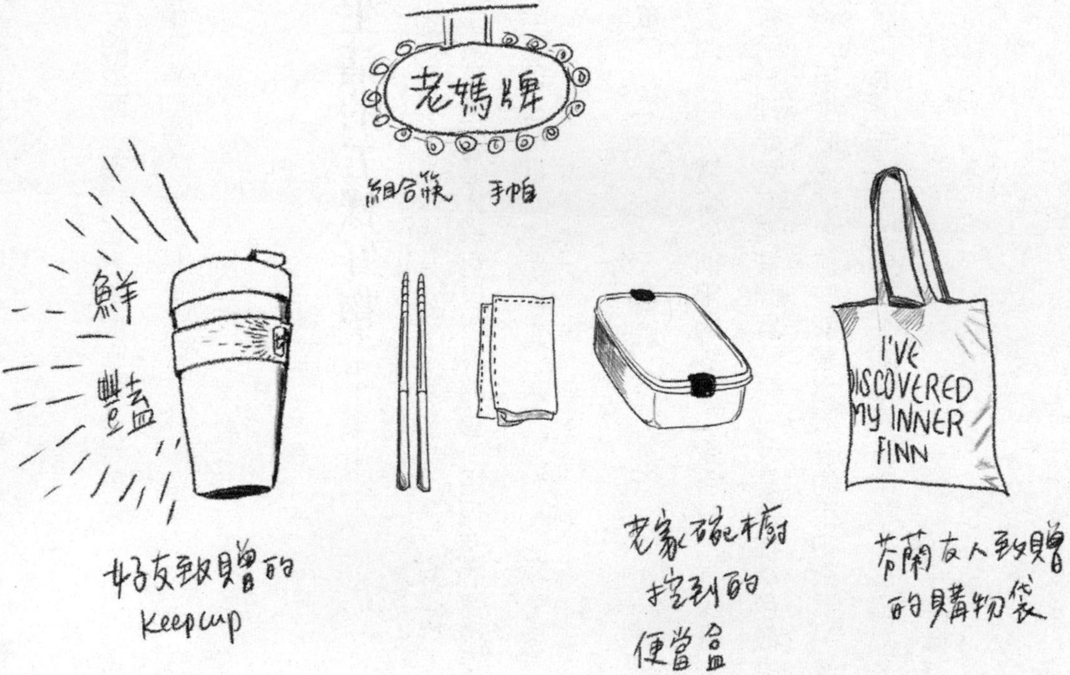

開始零廢棄生活的五樣好物

- 用途：擦嘴巴、擦餐具、擤鼻涕、擦眼淚、包食物（麵包點心三明治水果）……進階者可以用來擦屁股！
- 用法：以方形手帕為例，對摺三次變成長方形，最外層盡量不使用（因為會接觸口袋或是包包內部）每次使用時像翻書一樣選擇一面乾淨的內面，使用完如闔上書本一樣闔起來塞回口袋或包包裡。
- 清洗方法：依照個人衛生容忍程度，當我內側每一面都用過後我才會丟洗衣機，棉質手帕手洗也很快乾。
- 我的手帕來源：老媽櫃子裡法鼓山牌的棉手帕、老爸牌格紋紳士手帕、婚禮用剩布做的手帕、寶寶的紗布巾。
- 避免掉的垃圾：衛生紙、裝食物的塑膠袋及紙袋。

2 可重複使用的餐具

我不知道你們家的情形如何，但如果把筷子都換成金塊，那我和阿選老家好巧都是黃金屋！如果你家偏偏筷子很少，那你也許可以問問你的好友願不願意分一雙筷子給你（好友通常不會拒絕永久借你一雙筷子的，如果他拒絕借你，那你也學習到這份友情的脆弱，就像免洗筷一樣）。當然你也可以選擇叉子或湯匙，或是長得像叉子加湯匙的叉匙（spork）。環保生活的開始，我自己縫了一個餐具袋，可以裝筷子、湯匙、不鏽鋼吸管，但後來因為重量不輕加上同時使用率不高，所以最後演變成只帶一雙筷子出門，喝湯喝飲料時我選擇直接就口喝，就不需要湯匙與吸管。

- 用法：在只提供免洗餐具的店家、或是在有附餐具紙套（或是餐具外包了一張衛生紙）的店家時，我們會禮貌拒絕餐具並還回去，拿出自己的餐具。我們用筷子吃過雪花冰、薏仁湯、蛋糕、芋圓。
- 清洗方法：在外若水源取得不易，我會舔乾淨或淋點白開水把湯汁洗掉，裝回筷盒裡回家再洗，但通常可以在餐廳借到洗手台和肥皂，洗淨後用手帕擦乾。
- 我的餐具來源：一副盒裝組合式筷子（老媽的法鼓山牌）。
- 避免掉的垃圾：一次性的餐具、衛生紙或餐具紙套。

3 可重複使用的水壺或飲料（咖啡）杯

水壺其實對很多人來說是個無痛轉換的生活習慣，因為本來就有了；而飲料杯只是建立在水壺的基礎上，依照個人平時喝飲料咖啡的習慣而增加的。你也可以擇一，用水壺裝水又裝咖啡，或用咖啡杯裝咖啡又裝水！只不過我們的經驗是喝咖啡中間有時會想喝水，而拿裝過咖啡的杯子來裝水，總是會有一股複雜的味道，因此我們才會水壺、咖啡杯各帶一個。

- 用法：裝滿水帶出門、上班上課外出時尋找公共飲水機加水（可搜尋奉茶 APP）；外帶咖啡飲料時用自己的杯子裝（很多店家都提供環保杯優惠）；遇到那種內用提供無限暢飲卻只提供免洗杯的店家時，可在禮貌詢問店家後用自己的杯子適量裝取；遇到試喝活動時可先詢問能否將試喝品倒進自己的杯子裡；裝食物、點心、湯（我們也用咖啡杯裝過水果、春捲、雞蛋糕、玉米濃湯、打包剩菜）。
- 清洗方式：有洗手台的地方就能洗，或是喝乾淨帶回家再洗。
- 我的杯子來源：水壺（家裡現有的 360ml 虎牌保溫瓶，用了五年後轉換成 500ml KINTO 保溫瓶）、咖啡杯（454ml KeepCup PP 塑膠製，朋友致贈）。
- 避免掉的垃圾：一次性飲料杯、瓶裝水、外帶餐盒或塑膠袋。

4 可重複使用的容器：便當盒、保鮮盒或布袋

上班前我習慣隨手抓一個便當盒出門，可以裝麵包、點心或外帶便當都很方便。布袋則因人而異，比較適合裝乾糧類的餅乾或麵包，時下流行的食物袋也是一種選擇，但並非必需唷！

- 用法：裝便當飯菜、麵包、點心；內用吃不完時，打包不求人。
- 清洗方式：有洗手台的地方至少可以把便當盒裡的湯汁洗乾淨，也可以帶回家再清洗。布袋我通常只會把麵包屑倒一倒可以再用，用到覺得該洗為止。
- 我的容器來源：便當盒和保鮮盒（老媽牌）、布袋（自製日式便當袋、既有的微防水收納袋）。
- 避免掉的垃圾：外帶餐盒或塑膠袋。

5 提袋、網袋

提袋並非我的日常必需，但帶著它總是會很安心！上班日時，我會在後背包之外，

另帶一個提袋用來裝便當盒。假日出門時，就直接將提袋當作外出包包使用。至於去買菜的時候我會帶上多個布袋和網袋，分裝不同的農產品及蔬菜。

• 用法：提袋可用來裝隨身小物、書、鞋子、雨衣、水果……基本上裝什麼都可以！買菜時布袋也能輕鬆裸買根莖蔬果類（請參考第二章的零廢棄買菜系列文）。
• 清洗方式：若維持乾淨可久久洗一次！有碰到土的袋子則抖一抖再丟洗衣機。
• 我的提袋來源：日常用棉布環保袋（The Bulk House、好友贈）、自編網袋、自製日式便當袋、買菜網袋（The Bulk House）
• 避免掉的垃圾：塑膠袋、紙袋。

開啟零廢棄生活的五項好物介紹到這裡，相信我，你的那五樣肯定不會跟我的長一樣！而這五樣也不一定是必需，但是如果你手邊真的缺少某一項物品，請先試試看以下幾個方法：

1. 問問週遭室友、好友、家人、同學，或是二手換物贈物社團用徵求的方式詢問：「有人有閒置的水壺或環保杯嗎？或是沒在用的環保餐具嗎？」

2. 回家翻找一下衣櫥裡的手帕、小毛巾，或是碗櫥裡的餐具（環保餐具不一定要是組合式或是有外盒的，你可以用一條手帕包起來，或是小束口袋裝起來）缺手帕、缺提袋嗎？不妨試試看自己做！（可以上網搜尋 DIY 教學）。

3. 購買新產品前先試試加上「二手」關鍵字做篩選。有些個人衛生用品若真的沒有，你可以考慮購買新的，但盡可能做一番不會後悔的投資。可以優先選用可分解回收的材質（棉麻天然纖維、竹製、木製、不鏽鋼材質）以及本地製造的選項。最後，雖然東西美不美觀確實會影響使用者的感受，但是在一開始，不妨先善用現有的資源培養使用這些物品的習慣吧！一旦習慣養成了，之後再慢慢汰換成自己喜歡的款式也不遲唷！

第一年的零廢棄報告——

紀錄於二〇一七年一月二十九日，環保生活屆滿一年，也是身為醫學生的最後一年，與兩位室友合住在醫院宿舍（家庭式眷宿，有共同廚房與浴室）。

外出

- 持續養成自備容器、手帕習慣，偶爾還是會忘記，我就只好忍一時選擇內用或者不買。自備餐具已經不太會忘記了。
- 去咖啡店點三明治，會請店員不要包外頭的紙，我會自己用手帕包著拿起來吃，被醬弄髒就蓋起盒蓋帶回家清洗曬乾。也因此被美女店員記住了，她會主動在我還沒遞出盒子時跟我說：「今天也用盒子裝嗎？好，沒問題！」
- 內用時吃不完就用自己的餐盒打包，非常省時——省下等待店員包裝的時間，以及回家後處理垃圾的時間，用自己的容器在餐廳當下就能打包，帶回家後洗乾淨下次又能用。
- 買面試用的衣服鞋子時拒絕了袋子，直接摺好放包包，鞋子自備提袋裝。
- 完成一次與家人的零廢棄野餐，爸爸用保溫壺沖茶葉，帶四個小瓷茶杯配現切水果。
- 特休時帶環保杯與餐具出國，在機上拒絕一次性餐具與塑膠杯，竟然也能被空服員記住，輕聲跟我說：「我幫妳裝滿一點，噓……」。

廚房

- 第一次帶容器上傳統菜市場成功。
- 第二次成功後發現需要一些裝農產品的袋子，回家告訴媽媽，翻出好多個實用的棉布袋！好看又好用！
- 第三次去家樂福（因為大雨傳統市場關門了），選擇挑散裝區的洋蔥與馬鈴薯。但葉菜類還是無可避免許多塑膠包裝。
- 連續一整週自己料理三餐。

盥洗衛生

- 嘗試不同洗頭方式：繼單純用自製檸檬洗髮乳一個月後，再到用肥皂＋檸檬洗髮乳，還有肥皂＋小蘇打粉混椰子油，最後終於用二十倍稀釋白醋潤絲成功，總算完結乾澀油膩了三個月的噁髮了！
- 用從家務室（台中大里的無包裝商店）散裝購得的茶樹洗髮精洗髮、糯米醋稀釋持續潤髮中……效果還不錯，我的白髮明顯變少了，但是落髮變多。
- 改用洗面皂洗臉洗全身，告別包裝洗面乳。

- 購入竹牙刷取代塑膠牙刷。
- 用月亮杯加布衛生棉維持無垃圾經期（最近一次沒有做好準備，因此在月經大姊來襲時仍耗了一個棉條）。
- 買了紙盒包裝的洗衣粉（因為是賣場架上塑膠包裝最少的選項，雖然粉本身也是一個塑膠袋裝的，還包含了塑膠舀匙）。
- 除了上廁所和感冒時會用衛生紙，其餘場景用手帕替代，幾乎就用不太到衛生紙了。

影響

- 完成《我家沒垃圾》的翻譯。
- 受斗南高中公民科邀請，與高中生進行零廢棄的第一場演講——〈欸真的沒垃圾嗎？〉
- 開始寫部落格，記錄自己的零廢棄生活。

還要努力尋找方法的：

廚房

- 尋找收集廚餘的好容器。在宿舍裡我們都用舊塑膠袋來裝（因為宿舍廚房一角堆滿了以前住戶到現在累積的超級多塑膠袋，根本用不完），廚餘裝進塑膠袋後集中冷凍起來，累積一週份等垃圾車來再去倒。

- 發現對於無包裝、散裝的需求越來越多了！（自從在菜市場找到散裝的雞蛋後，就好需要可以讓我回填牛奶、米、洗衣粉的商店）。

盥洗衛生

- 尋找自製牙膏的解法（目前還處在把現有的品牌牙膏消耗掉的階段），有嘗試用小蘇打粉混合椰子油，但是味道好鹹，沒有清新芳香的味道，有更好的選擇嗎？
- 卸妝仍在消耗以前買的卸妝水和一次性卸妝棉。
- 在美妝店的盥洗用品貨架前研究了好久，最後忍痛買了一個紐西蘭進口的環境友善皂，包裝簡單（架上唯一只用紙盒包裝的），價錢卻非常不親民。如果有本地生產而且無包裝的選項就更好了！但是居住區域附近沒有這樣的商店。
- 十月感冒了，開始納悶生病該怎麼零廢棄？（我只能拒絕醫院中藥局的大藥袋，因為電腦系統的關係，一開完藥，藥局就會馬上包藥，所以小包裝難避免）。還有擤鼻涕的成堆衛生紙該怎麼辦呢？

CHAPTER —— 2

沒有垃圾的公寓生活

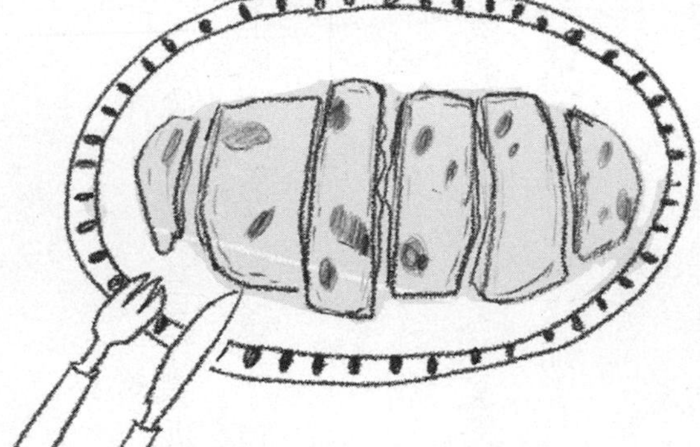

搬進九坪大的公寓

搬進這個坐落在台中市西區的公寓大樓是故事的起點。二〇一八年五月我剛從為期八年的大學生涯中解脫，我和阿選剛完成登記，無名指上戴著新婚戒指來到了台中市——在我這個台南俗的淺薄見識中「治安欠佳」的城市——專門出產金錢豹、「慶記」[2]與東泉辣椒醬。

台中是阿選的出生地，之所以搬回來找工作主要是因為婆婆生病的關係。阿選父母在他國中時離異，各自有自己的事業與住所，而因為公公家離他的醫院較近，加上有閒置的空房間，所以我們一開始先把林口所有的家當暫搬到公公家，縱使已經做了一番清理減量，但還是足足有兩大箱的雜物、兩大袋的衣服（大概有一半是在台中穿不到的禦寒衣物），還有成堆的書籍。阿選因為新工作的關係比我早先回到台中，暫棲在公公家，而我則在畢業後，才正式搬來台中與他同居，並著手尋找未來的家。

我們預計找靠近婆婆住處的租屋處，希望有廚房與停車位。在短短一週內我們看了

2 慶記：子彈的台語。

五間公寓，最後找到這個小小的落腳處。雖然是個毫無隔間的套房式公寓，站在廚房就看得到床，躺在床上就能被廚房的洋蔥薰出眼淚，但這樣的大小之於新婚的我們，容身剛好，舒適度也恰好。

搬進公寓的第一個禮拜，我們雙方父母也陸續拜訪過我們——公公一進門的第一句話是：「這不會太小嗎？」對於兒子為了就近陪媽媽而搬離他那兒，語氣中還是帶點複雜的情緒；我媽則是狐疑地看著那個大學生用的宿舍小冰箱說：「你們食物這樣裝得下去嗎？需不需要一個像樣的冷凍庫啊？」

我們統一先說：「哈哈不知道欸，目前應該還行啦！」

而向來標準嚴格的婆婆則癟著嘴四處張望，沒說什麼。阿選特地到窗邊指著遠處說：「這裡可以看到妳那邊喔！」婆婆馬上踮起腳，像小孩似地問：「哪裡？哪裡？我怎麼沒看到？」

公寓附近是台中特有的巷弄景色，跟老家台南櫛比鱗次的細巷窄樓很不同，這裡的巷子寬得多，是足足可以容三台車的寬度。而房子多是兩戶共享一個三角斜屋頂的兩層樓老宅，還有種了扁柏、錦葉欖仁或是芒果樹的門廊前院。而我們尤其喜愛觀察家家戶戶各自講究的美學——舊式大門的紅漆或綠漆斑駁得恰到好處，上頭貼著不知哪年正月的手寫春聯被曬褪了色，留下淺淺的四個字：春暖花開。二樓多是樣式典雅的窗花，陽台外統一有水泥砌作的花台，裡頭長著叢生的腎蕨；有的屋簷懸掛著青銅風鈴，門前還有小石獅鎮路沖；就算改建過的也多是清水混凝、日式木柵配石磚，抑或是全白的地中海風格。一年到頭有豔紅及胭粉的九重葛越牆傾瀉而出，手臂粗的枝幹像蟠龍繞在欄杆上；三家就有一家院子內種著雞蛋花，純白的或粉紅都有，盛開時能飄香十尺。這兒若不是民宅，便是咖啡館、特色餐廳和藝廊。我們徒步便可以品嚐法式甜點和人氣咖哩飯，再過幾條街還能沿著溪畔散步，不一會兒功夫就能抵達婆婆家。

回想起初來乍到的那天，我們倆拖完地板、擦完灰塵，大字形地躺在沙發上（沙發腳還佈滿了前房客的貓爪痕），談論著我們總算有專屬夫妻兩人的獨立空間，這回沒有家人也沒有室友，我們該如何用最少的東西打造我們理想的樣子。而我們列出了幾點，當作建立這個婚後第一個居所的基石。但這些改變並非一朝一夕完成的，我們大約花了一年多，用很多的零廢棄巧思、不多的預算，一點一點地在租屋處打造出我們的公寓生活。而我們做的第一件事就是去逛街找貨，只不過那間賣場叫做婆婆家。

首先，我們先從餐具下手，在婆婆的廚房裡大概有兩大抽屜的碗盤，裡頭有深淺各色，由大到小向上堆疊成塔，我們挑了藍色圖騰的湯盤和瓷碗各兩個；接著再從旁邊的餐具抽屜，抽出了湯匙、叉子、筷子各兩副，另外從櫃子找出一個不鏽鋼大湯鍋、菜刀、水果刀、木杓和木鍋鏟。我們臨走前婆婆還查哨般檢查了一下，確認我們沒拿到她鍾愛的器具或是什麼違禁品，但其實最常用的都在她的烘碗機和冰箱裡。怎料我們拿的全是至少一個月都沒被碰過一次的閒置用具，以致她脫口說出：「你們在哪裡找到這個的？」

第二件事就是去真的大賣場找平底鍋和熱水壺。當時我們看到合適的熱水壺偏偏缺貨了，店員告訴我們要再等一週才會到貨。阿選和我使了一個眼色，便達成共識。「請問我們可以直接買這個展示品嗎？」他問店員。

店員很疑惑地說：「是可以啦！不過你們不介意嗎？展示品就沒有包裝了喔！」

「可以！」我們兩個斬釘截鐵地說。竟然可以買到無包裝的熱水壺，這不是正中我們下懷嗎？大概是喜悅之情溢於言表，讓店員一臉「真是遇到怪人」的表情，於是怪人如我們倆，就如獲至寶地捧著那個無包裝的熱水壺回家了。

餐具、廚具都備齊後，我們才發現家裡只有一張餐椅。所以第三件事就是添購另一張餐椅。我提議去一趟二手家具行逛逛，因此在Google Map上找了最近的一家，那是一家非常典型的台式二手家具行，門口有著橘綠配色的遮雨棚，還停著一台藍色三菱得利卡貨車，只差拴一隻台灣土狗就完美了。一踏進去，竟有種被黑魔法環繞的骨董商行既視感。狹小的走道兩旁有層層疊入天花板的櫥櫃，直走到底是一個更寬敞的空間，但也塞滿各式獵奇的商品——馬賽克磁磚拼成的圓桌、銀閃閃的波浪形雕塑、泛黃的字畫，還有鑲著華美俗艷飾邊的落地鏡，裡頭倒映著角落一整排高矮不同的模特兒人形台。詢問老闆娘有沒有木頭餐椅時，她躊躇了一會兒，從剛經過的櫥櫃走道縫隙中，拉出了一把椅子。

「木頭的就剩這把了，但有一點點歪歪的，算你兩百。」她用著你不想買我也沒差的語氣說道。

不是我誇大，那把椅子跟房東留下的那把長的真有八七分像——相似的弓形椅背、同樣由六支紡錘型背柱與座板連接，只差在顏色稍微再深些，是醇厚的櫻桃木色。我們沒猶豫太久，很快就用一頓晚餐的錢換到了一張二手的餐椅。

那時候我們剛從北歐蜜月回來，難以忘懷那裡家家戶戶的溫暖黃光，更著迷於他們信手拈來的斯堪地那維亞美感。搬進來第一個月，我們新買的東西包含 LED 黃光燈泡、兩顆沙發枕、砧板、廚房地毯和浴室地毯（北歐人真的超愛鋪地毯，還會用廢布舊衣自己織成混色的地毯），還有剛才提到的平底鍋與熱水器，其餘都是現有的東西和從老家深處挖出來的家用品。我們小心翼翼地不讓太多東西湧進來，只抓了必需品就入住，驚訝的是我們一點都不想念那幾大袋堆在公家的東西。我們沒有多久就愛上了東西很少帶來的好處——我們只要花十分鐘，就能徹底把家裡的東西歸位，並完成掃地及拖地。

我們則把省下的時間拿去上市場買菜、回家做飯、窩在沙發上看電影；週末則沿著河堤走去吃早午餐，探索附近的科博館、植物園與花市。當時的我們早有種預感，這間小公寓

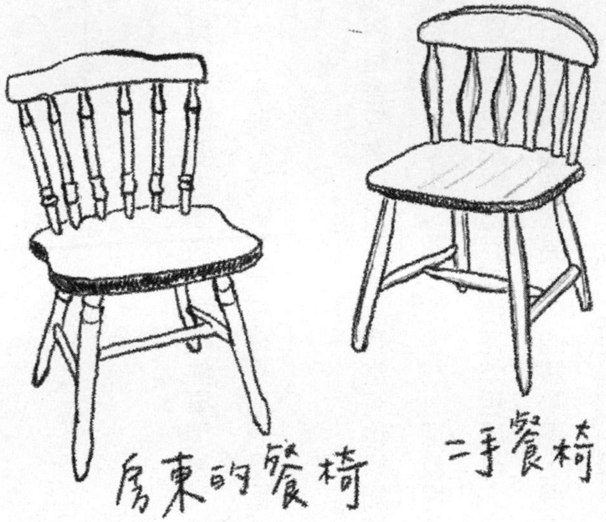

會是我們實驗零廢棄生活的正式起點，只不過會做到什麼樣的程度，我們還真的不知道呢！

裸體的最好：無包裝買菜——

「上街買菜？」相信我，我以前從來不覺得我需要去面對買菜這件事情。我以為那是三十歲以後的事，或是生了小孩之後的事。世事難料我會有天在這裡寫怎麼買菜（我媽一定很欣慰）。

我是在大學住宿時期開始學做料理，那時宿舍只有一口電鍋，我當時也只知道上超市買青江菜、米、馬鈴薯、南瓜……等等我認為可以拿來「蒸」的食材，切成塊，灑點鹽巴或醬油，加水、按下開關，翹二郎腿等電鍋跳起來。當我開始在外租屋後，有了自己的廚房，也才偶爾在阿選（不知道為什麼對煮菜很講究的男子）的激勵下，週末一起去逛菜市場，一個禮拜一兩次的開伙，也從那時起終於開始吃到一些所謂「用火燒出來」的菜餚：日式豬肉丼飯、西班牙海鮮燉飯、番茄海鮮湯、蒜泥白肉、香煎豬排、乾煎鮭魚……等等。在零廢棄生活之初，我們仍然吃肉，直到第二年開始，阿選為了母親生病而率先吃素，我自然就跟著一起吃，除了孕期及坐月子間開葷，其餘時間就以方便素（蛋奶、五辛，沒有肉即可）的方式吃到今日了。

零廢棄買菜法：從出門前就開始

買菜可以憑直覺隨性買，也可以深思熟慮。深思熟慮的買菜高手可以精確地計算家裡幾口人能吃多久、冰箱裡還剩哪些食材、還需要買多少……等等。但也有人買菜憑直覺，今天想吃紅燒雞腿，那就買個幾隻雞腿，抓點蘿蔔馬鈴薯，再帶一把蔥，結果回家發現啊薑沒了，也罷，將就將就也能做出七成味道。我們兩人中，阿選是標準深思熟慮派，而我則遠遠落在光譜另一端。

我想分享的零廢棄買菜法其實非常簡單，就是去菜市場用自己的容器向店家買菜。在台灣最方便的就是市場可近性很高，而且裡面的菜攤、肉攤、魚攤、海鮮攤、熟食攤所販賣的產品基本上在老闆扯下塑膠袋裝起來之前都是——最完美的「無包裝」狀態。我們大可不用像歐美人一樣要等到週末的農夫市集，或專程跑到無包裝商店或是散裝店（bulk shop）才能買到這些食材。嚴格說起來，我是接觸到零廢棄生活後，才開始用心去「思考」買菜這個行為。如果你同意的話，姑且讓我們把共同目標設在——不帶垃圾回家（當然不是要你把垃圾塞到公共垃圾桶或鄰居家的垃圾桶啦！）請先放輕鬆，我花了約莫六次的買菜經驗才終於找到自己的一套模式，但一切的根本在於：出門前就必須準備好！以下是我們會帶去買菜的用具：

1大購物袋或大提籃

用途：理想的話，選擇一個堅固耐用、不怕髒的大提袋是最好的。我們曾經從鹽埕的老店買了一個很美的竹編提袋，是老闆阿伯從天花板上用鐵鉤桿取下來的。那個提袋用了兩年之後提把終究耐不住每回買菜的重量，硬生生地斷裂（現在變成裝食品的竹籃），而現在我們改用以前家裡留下來的賣場大購物袋。（來源：家裡舊有，或是投資一個堅固的大袋。）

2保鮮盒（塑膠或玻璃我都會用）

用途：肉類、魚排會用保鮮盒裝，回家直接凍冷凍庫；若有怕壓的品項，例如豆腐或菇類，也可以裝到保鮮盒裡；至於我們喜歡上市場順便帶幾顆水煎包，則會另外帶一個便當盒去裝當作隔天的早餐。（來源：老家的碗櫥櫃深處。）

3蛋紙盒

用途：裝散裝的蛋，自己揀喜歡的蛋放入，尖端朝下。老闆會先幫我秤盒重，裝滿蛋後再秤一次並扣掉盒子的重量再換算價錢。用紙盒裝除了避免雞蛋裝在塑膠袋裡互相碰撞外，在大購物袋裡也能輕易疊在保鮮盒上方，上面也能再疊蔬果類。（來源：賣場購入的蛋，將紙蛋盒留下沿用。）

4棉布抽繩袋、日式便當袋、網袋

用途：裝各式葉菜類（蔥、花椰菜、菠菜），或是根莖果實類（番茄、洋蔥、番薯、馬鈴薯），我們最愛的是自己用剩布做的日式便當袋，寬口的設計讓老闆很方便把菜裝進去，最後只要抓起兩個角打結，就可以提著走了。（來源：老家儲衣抽屜裡的深處、自製。）

我能不能重複使用現有的塑膠袋？

當然可以。

在我還住在醫院員工宿舍時，廚房裡有個櫃子塞滿了前房客留下來的幾百個塑膠袋，我的作法是將這些塑膠袋作為垃圾袋、廚餘袋，慢慢消耗掉它們，只不過這樣的消耗量比起堆積如山的塑膠袋，不過是九牛一毛。我們也會在背包裡放一個塑膠袋，阿選下班經過水果店時就很好用，而我若忘記帶布袋或便當盒時，有一個塑膠袋在身上也能多少減少一些傷害。塑膠袋並非萬惡之源，畢竟塑膠當初被製造出來的目的，是為了提供人們更耐用且不壞的選項，所以只要好好重複使用，也是一種做環保的方式。

不用塑膠袋怎麼包青菜？

很多人好奇，如果不用塑膠袋，市場的蔬菜還能怎麼裝？我很想傳達的概念是——方法是人想出來的，有時候在適度的限制下，反而能激發人無限的創造力！而今天的命題就是：「連一條布都可以拿來包蔬菜！」（圖請見第九頁）

你可以不需要特別去買網袋，或是防水袋，當然如果你本來就有一些閒置的小布袋，那現在真的是時候把它們全都掏出來看看能不能派得上用場！用布包菜大概只需要花十秒鐘，雖然只有十秒，但是相對於以前老闆「啪擦」一聲把塑膠袋扯下來裝好的那三秒鐘，我相信還是有不少人會覺得這很浪費時間。

我懂我懂，尤其在菜市場現場時，一手提菜籃，還要一手用布包菜實在有點忙不過來，所以底下才是我最常使用的方法——日式便當袋，我是因為去了北京無包裝商店The Bulk House，受到店主自製的日式便當袋啟發，而自己拿剩布車縫的。因為開口很大所以非常好裝，最後再打個結就可以了。製作方法我放在本書最後。

便當袋的好處是平時攜帶沒什麼重量，捲一捲就可以塞到包包裡，拿取也很方便。它除了裝便當外，買菜、買麵包都非常好用！可別小看它的容量，如果選用有彈性的布的話，我最大的便當袋可以塞三根小黃瓜、一顆高麗菜、兩把菜、三顆番茄。阿選都用中型的去買雜糧麵包，可以塞兩個。缺點是不能防水，所以不適合裝湯湯水水的東西。

清洗方法非常簡單，就是丟洗衣機，我會看裝了什麼再決定要不要馬上洗。如果是雜糧麵包的堅果或麵包屑，我會先抖一抖，還可以再繼續使用。若是有沾到泥土的我才會丟洗衣機。

零廢棄買菜的好處

1 精準購物、省錢又省時

一旦用對器具後，買菜變得非常有效率，你知道袋子裝蔬果、保鮮盒裝肉類，所以不容易出現額外的購物，或是面臨買太多而吃不完的情況，因為你只能買裝得下這些容器的食物！而回到家也減省了食材歸位的時間──肉類等需要冷藏冷凍的品項，可以直接連同保鮮盒拿進冰箱存放，而蔬果類也可以連整個布袋拿進去冰，或像蔥、花椰菜、高麗菜等蔬菜，也可以泡在裝水的淺盤裡，讓它們保鮮久一些。食材使用完之後，只要把容器洗乾淨、布袋丟洗衣機清洗，就可以放回大購物袋待下一次買菜再用，而你不需要再特別整理那一大堆塑膠袋，也省下了去追垃圾車的時間。

若是用以往情境來相比較，買完菜的你，提著大塑膠袋裡還有小塑膠袋，回到家，你也許會洗淨晾乾（也許不會），然後找個地方塞它們，想說也許有一天還會用到啊！但終於有一天爆滿了，你又會用一個大塑膠袋裝著許多小塑膠袋拿下樓去倒，接著垃圾車來接它們、長途運輸被掩埋或去燒掉。而用可以重複使用的東西，你只需要洗淨晾乾、歸位，下一次再拿出來用。很有意思吧？一次性用品總是以這樣的「假性省時」在誘拐我們使用它們呢！

2 寧靜的購物體驗

一旦採用零廢棄買菜法後，買菜這件事就變得很安靜——旁人撕扯塑膠袋的聲音、提著塑膠袋摩肩擦踵的聲音，放上車與車體碰撞的沙沙聲……這些在我的世界裡通通不見了。只有自己安靜挑選蔬果，輕巧抽出布袋子、喀一聲打開盒子，再「喀」一聲地關起來密封，並小心翼翼放進去的柔軟姿態。你不需要多好的器具就可以獲得這樣的體驗，用你現有的，真的需要再購買，並且審慎購買你真的會用很久的。

3 最有人情味的購物方式

我在高雄實習時，很常去附近黃昏市場的一家菜攤，因為用這樣方式買菜的人不多，所以不用幾次阿姨就認得我了，而且開始會和我攀談，第一次她說：「這樣很環保耶！要是大家都這樣就好了！」後來她開始詢問我幾歲、在附近工作嗎？結婚了嗎？做什麼職業？只煮自己的嗎？阿姨每次都會用慈母的眼神看著我一個個把蔬菜放進布袋裡，有時她會送我一大把蔥，曾經我跟她說：「阿姨這次一小把就好，不然我吃不完。」結果她又塞給我一小包秀珍菇，然後看我把菇拿出來，塑膠小袋和橡皮筋再還給她。我覺得這個簡單動作已經超越了單純「拒絕包裝」的行為，因為我儼然獲得了流轉於霎那間的「市場母愛」。所以我誠心推薦異地遊子，帶著幾個袋子去當地菜市場找尋屬於你的市場母親。

4 演一齣買菜行動劇

雖然重複使用塑膠袋是個不錯的方式，但對於買菜，我則要求自己用前面提到那些非塑膠袋的容器和袋子來執行，因為這些塑膠袋若要重複使用可能永遠也用不完。我希望自己養成的是零廢棄的購物習慣，而更大的好處是這能讓自己成為一個活生生的零廢棄宣傳看板，在市場裡演一齣零廢棄買菜的行動劇。曾經我在買菜時，一旁的大姊看到後扯嗓門說：「妹妹你這樣很重耶！這樣很麻煩我做不到啦！」就在我回應前，魚販老闆路見不平替我辯護：「她這樣來買很多次了，現在很少人這樣啦！很環保耶！」行動劇的目的是引起人們注意，並非要尋求百分之百理解。需要人共襄盛舉的事，總要有開始，才可能開枝散葉，而若只是重複使用塑膠袋，旁人不特別注意其實是看不出差異的。

無包裝也可以任性——

這一系列「無包裝也可以任性」文章，目的其實就是想記錄一下我們在尋找無包裝商品的過程中，做過的努力與溝通，想呈現給讀者的是——沒有垃圾的生活，其實並不需要委屈自己，你仍然可以體驗手沖咖啡的文青生活感，也可以在節日裡買一束沒有包裝的花送給至親，你更可以偶爾享受自製甜點的樂趣。這些並不會、也不應該因為你選擇了環保生活而被犧牲掉，但是需要你多花點心思找資源，多走幾步路，多耗點口水和誠意去溝通就是了！

買花篇

以前在林口的時候阿選總會拎著我去轉角的花店挑一枝我喜歡的花，回家插在捨不得丟的漂亮酒瓶裡，那時候的花是為了取悅女朋友而買的花；回到台中後，我們每逢節日也會買花，不同的是，現在是我為了取悅婆婆，或是阿選為了取悅阿母和老婆而買的花。

用生命與絕佳平衡感來捍衛「裸體的花」

我曾試過直接手拿無包裝的花（桔梗、百合都有）坐阿選機車後座，只要看好風向，讓花瓣順著風向擺位，適時利用前坐駕駛寬闊的背擋風，再用雙腳緊夾車身維持平衡。只要沒特別意外或緊急煞車，我相信你（和花）絕對可以挺過來！

雖然老闆通常會事先告誡說這樣會被吹歪，但自從零廢棄後人會變得莫名傲骨，我都挺胸回答：「我家就在旁邊（實際上沒那麼近），沒有關係！」當然如果你是要送婆婆或岳母大人，我建議採用第二種方式。

自帶報紙買花

台中向上市場外環有好幾家花店，我們幾乎都造訪過。對我來說，只要願意配合我們無包裝需求的店家，就是天使店家。其中10號鮮花店老闆娘個性到了極點，我建議凡事聽她的就對了，她走一個有話直說路線——「這個好看、那個難看；雨天買這個都爛光光是我才不買」之類的犀利言詞，但對於我們不要包裝這件事從來沒有過問，我覺得很棒。

情人節，我們留著上週買星辰花的報紙，二次利用來包買給婆婆的花束。現成的花束通常都有好多層包裝紙，無論是牛皮紙、色紙、亮面的、玻璃紙都很常見，層層交疊後再用膠帶及緞帶綁牢，每一枝花莖上還會附帶小小的塑膠保鮮管。如果只是美化家裡或是送家人的話，其實這些真的不需要。不妨跳過包裝直接帶回家裡插花瓶，形成一個從花器到花器的買花模式，相信你會省下許多時間（拆花束與回收倒垃圾的時間）。下次不妨試試用萬能的雙手或主動請求店家用廢報紙包裹，讓美麗的花妝點家裡或傳遞心意同時，也不製造額外的垃圾囉！

至於要送人的祝福花束，還可以試試看用植物盆栽來代替，我學妹在我畢業的時候送了我一盆薰衣草，因為她知道學姊在過零廢棄生活，不但美觀、不用讓對方到時候還要倒垃圾、還能一直保鮮。真的枯萎了也只是回歸塵土，空盆栽不利用也可以拿回花市回收再利用。

自備罐子買咖啡豆的奇怪客人

談到咖啡，大概在醫學院剛進入醫院實習時，還很習慣用免洗杯的那個時期，我們都會在上班路上買一杯便利商店的咖啡，過了幾年才變成帶環保杯買外帶咖啡，一年免去三百多個免洗杯的使用；一直到蜜月去了北歐，發現家戶各備一台濾泡式咖啡機，才開始認識並喜愛上那種「晨光中咖啡蒸氣與香氣交融」的生活樣貌。但一回到台灣，為了講求快速省時，便立刻從現煮咖啡的空中樓閣跳進即溶咖啡粉的懷抱。有趣的是即使面對的是經濟實惠的「即溶咖啡」，我們仍然可以在包裝和價錢中做了一些思考，超市賣的是玻璃罐裝，份量較小需要一個月補一次貨，而美式賣場裡大錫罐裝的可以喝三個月，兩者包裝都能夠回收，因此權衡之下選擇了後者，只是過了不久，我們便因為氾濫的包裝及食物太常吃不完而把美式賣場的會員退掉了，也決定在即溶咖啡之外，再找找包裝更少的咖啡來源。

合作無間的咖啡伴侶

自從退掉量販店會員後，我們開始學習手沖咖啡的基礎知識，說是「我們」有點言過其實，因為實際上是阿選負責看書、解說給我聽，再一手包辦磨豆、燒水及沖煮的瑣碎小事，而我則負責擔任端杯子、倒牛奶這種「至關重要」的角色。

剛好有朋友要去離島工作，手邊有一台閒置的磨豆機，他就大方地借我們玩玩，我們仍然有購入基礎的手沖器具包括濾杯及玻璃壺，一開始先買了濾紙（是的它是一次性的），但濾完可以連同咖啡渣做堆肥分解，後來才去買了一個可重複使用的不鏽鋼濾網，至於濾紙與濾網沖泡出的風味差異，這裡我暫不討論。

而關鍵的無包裝咖啡豆哪裡來？我們其實只是打開 Google Map 鍵入咖啡豆，先從住家附近專賣咖啡豆的商家找起。

一訪再訪擄獲店家的心

我們第一次造訪只是單純去店內喝咖啡，那時我們才一隻腳趾踏進手沖領域。雖然兩人一臉很菜，但是表情認真，而店內前輩都十分友善，也推薦我們初學適合的豆子。我們也不忘詢問能不能攜帶自己容器來裝咖啡豆，在咖啡豆專賣店裡，每天烘培的豆種都不太一定，豆子也需要等待幾大靜置養豆，泡起來風味才會更好，這是我們第一次造訪得到的結論，就是沒有結論。

第二次去，我們帶著自己的罐子，再一次詢問店家能不能裝到裡頭，也充分表達我們希望可以減少一個包裝的使用，如果不行也不用勉強。店家很友善地表達她能夠理解，表示如果把已包裝好的袋子剪開，把裡頭的豆子倒給我們，同個袋子可以再重新封膠裝填新的豆子（畢竟有氣閥的咖啡袋成本也不低），這樣製造的垃圾就是剪下來的那寬約零點三公分的長條包材。我們當下討論覺得可以接受，至少我們製造的垃圾已經最小化了，那次我們買的是半磅曼特寧；而第三次去我們也是以這樣的模式購買了半磅肯亞。

第四次去有點臨時起意，手邊只有一個便當盒，店家這次主動提議說，今天剛好現烘衣索比亞豆，不如就直接裝給你們吧！

我必須承認我們是一組非常奇怪的客人，重視無包裝的可行性大於對豆子風味的講究。但也是因為這樣，我們每次喝的豆子都不太一樣，主要是看當天去的時候店家在烘什麼種類。當然，如果你有特別喜好的口味，也可以事先詢問店家烘豆的日期，帶容器當天過去裝填。

開拓無包裝之路的奇怪客人

儘管我們的怪不是三言兩語可以道盡的，我們仍然由衷感謝這些友善的店家。

一開始零廢棄生活的時候，常常會有個迷思認為「我家附近沒有無包裝商店，我到底要怎麼樣買東西不製造垃圾呢？」

但經過這兩年的練習下來，我執行零廢棄行動的店家有九成是本來就存在於我們生活圈的店家，無論是米店、飲料店、甜點店、咖啡店、花店或是菜攤，若說無包裝之路是我們這些奇怪的客人走出來的，還真的不為過。要開一家無包裝的專門店其實困難度很高，到現在台灣的無包裝商店仍是屈指可數，在我們支持他們的同時，也請從身邊找已經存在的店家，試著用禮貌的攀談與交流，來鼓勵更多的店家提供這樣的服務。試想當無包裝文化遍地開花時，世界會有多美好呀！

零廢棄料理

無包裝購物有一個好處，就是想吃多少就買多少，質跟量都是可客製化的。人與大自然時時相應，我們往往會根據不同時節，還有當下身體的反應做飲食的調整，而每當我們吃膩米飯的時候，就會帶著容器上市場買麵粉，在家裡自製簡單又美味的古早味蛋餅當早餐！

傳統市場中常常會有販賣手工麵條的攤位，在這裡可以輕易地以無包裝的方式買到麵粉，一公升的麵粉大概只需要三十元左右。做蛋餅的麵粉不需嚴格限制，我們買的是做麵條用的中筋麵粉，一樣可以零失敗做出好吃的古早味粉漿蛋餅。

超簡單古早味粉漿蛋餅（一人份）：

麵粉：30～40g（約5大匙）。**太白粉**：5g（約1茶匙，非必要。也可以用蕃薯粉、在來米粉替代）。**水**：30g。**蛋**：1～2顆。**鹽**：適量。**黑胡椒粉**：適量。**乾燥香草**（迷迭香、義大利香料等）：適量。

作法：

1. 將麵粉與水依比例混合，調至濃稠狀態。（從湯匙流下來時呈一直線）。
2. 加適量鹽、胡椒、喜歡的乾燥香草等。
3. 熱鍋後倒入適量植物油。
4. 將麵粉水緩慢倒入鍋中，待餅皮成形後翻面，兩面都定型之後起鍋備用。
5. 澆下準備好的蛋汁，覆蓋餅皮結束這個回合。
6. 蛋熟翻面、將餅皮煎至自己喜歡的口感即大功告成。

★水量少一點、將餅皮煎脆，粉漿蛋餅就會變成早餐店常見的酥脆蛋餅。

九層塔
蔥段
玉米粒
中筋裸麥麵粉

不朽的陳年考生——

五月底搬進公寓，安頓好家當後，緊接著在六月的第一個週末迎來了畢業典禮。睽違一陣子沒回北部，那天萬里無雲陽光普照，熾熱的校園柏油路上冒著熱氣，校舍前的大草地上佇滿了熟悉的畢業季風車。同學們在大八這年都各自有著接下來的規劃，除了男生要當兵外，大半人仍留在原本的醫學中心繼續受住院醫師的訓練，少數人則回鄉求職，比較少人像我因為結婚而「嫁」到一座新城市去生活。大夥一陣子沒見紛紛互相寒暄，詢問彼此的去處，我也拉著當年的室友拍照，一起訂合肥的日子恍若昨日，沒想到過了這天就要各奔東西了，這些熟面孔下一次再見也不知何年何月了。

我們穿的黑色長袍鑲著綠緞邊，代表的是醫學院的記號。我已經有些忘了當初我是經歷了哪些抉擇而負笈來到這裡，一待便將近是三分之一的人生。應屆畢業生穿過了七彩氣球搭成的拱門，從校園一端走到另一端，一路走進了偌大的禮堂，就在鬧哄哄的氛圍中送走了八年的青春光陰。

畢業後距離七月底的中醫師國考剩下一個多月，撇除考試壓力，這個小公寓著實是讓我在大城中感到安然而不那麼突兀的一方天地。每天早上我在床上醒來，就能看到東邊的陽光纖落在琴葉榕的葉面，還有斜斜的影子投射在白牆上。念書是索然乏味的，而念書之餘的調劑大概就是每週一次的零廢棄買菜，主要是我閒在家念書，沒什麼戶外活動，就安排安排時間上市場學習當位主婦，幫家裡補充食材（雖然大部分掌廚的還是阿選，我專責當試吃員）。偶爾逛完市場會順道停留在外圍的花店，用舊報紙包或者直接插在菜籃裡把花帶回家，再用空酒瓶插著放餐桌上。我們也終於用對了小黃瓜，原來一定要醃來吃才好吃，酸酸甜甜冰冰脆脆又有些辣勁，是佐餐淺嚐的好東西！阿選這些天替我做了好多飯，「以後我一定會慢慢報答的！」我卡滋卡滋嚼著醃黃瓜一邊說道。

回到考試，身為經歷千錘百鍊的眾台灣學子之一，從小到大什麼考試場面沒見過！其實會寫這篇的原因很單純，不瞞各位說，最近我們網站的熱門文章竟然是我之前寫的兩篇中醫國考心得。既然無聊的國考心得都有人看，我們當然要搭順風車來談談如何減少準備考試所造成的浪費。

考試，很浪費嗎？

隨著年紀越大、報考級數越高、報名費越貴，考試所造成的浪費好像也越多。怎麼說呢？舉我自己為例，醫學生很熟悉的國考寶典《*First Choice*》（金名圖書），從一階西醫國考的一套六本書，進入二階國考便遽增為一套十八本書。我自己買了第一階段的六本書（不含折扣二三八七元），而第二階段我則和朋友及阿選學長借（整套不含折扣是六八七四元）。所以光考試報名費還不足掛齒，你還得先存錢買參考書啊！（當然也有厲害的同學是不靠參考書的，但我不是啊！文昌帝君！）

考試所耗費的資源簡單統整一下，大概有這些：

1. 金錢：購書費、讀物影印費、報名費、郵寄費、交通費。
2. 紙張資源：報名文件、讀物（參考書、紙本整理、考古題、詳解）、考卷。
3. 時間。
4. 為了節省時間而用的一次性餐具（例如：國考當天團訂的便當）。

（至於補習費、去K書中心/圖書館/補習班吹的冷氣這些我們就先不計較了）。

國考報名無紙化，你參與到了嗎？

稍微分析一下一到四點，裡頭有些是無法避免的資源耗費，例如報名文件（分階段的國家考試通常需要學分佐證、畢業證書或上一階段通過證明等），這個如果不繳交就真的沒辦法考。但你知道台灣考選部在無紙化報名的推動上其實已經歷時超過十年了嗎？目前是採全面網路報名，然而許多考試仍須檢附紙本證明文件，但截至二〇一七年，已經有六十八項考試是完全無紙化報名（不需檢附紙本證明文件）唷！

電腦化測驗：體驗考完不需對答案、馬上知道成績的刺激感

目前醫事人員的國考部分採用電腦作答，意思是考生就坐在一台電腦前考試，直接在電腦上點選答案，不需填答案卡，考完後螢幕就會顯示成績。不得不說這真的是個福音，無論是環保面向（只會提供一張A4計算紙而非一本試題本和答案卡），或是監考面向（因為是電腦亂數排題號，所以隔壁的答題順序跟你都不一樣），還很省時（節省畫答案卡時間，以及回家後對答案的時間）呢！

讀物的選擇：一定要買新的嗎？

很多考試都有所謂的「必讀」參考書，例如上面提到的《*First Choice*》之於醫師國考，但像是中醫國考就沒有這種書，比較多的都是各校學長姐流傳下來的各科整理（大家會印出來自己念）。我的建議是：請優先用借的或買二手的吧！在PTT的各學

科版上通常每次國考完都會有一波賣書潮，而自己系上的學長姐更是最直接友善的資源，同一座號的小家，每學期都會固定整理一箱「家書」，幫助下一屆的學弟妹度過難關。倘若你決定要買全新的參考書時（很多同學會提早在大五進醫院見習時，就把《*First Choice*》買下來，一邊見實習可以一邊看），不妨想想以後有沒有可能轉讓出去，或者做好以後要傳承下去的決心，好好使用並愛惜這些所費不貲的參考書。

像阿選前陣子在準備日檢，他找參考書的方式是去茉莉二手書店找檢定考古題，除了價格超便宜之外，他也很認真避免劃記，等考完之後可以再賣回去。

運用單面廢紙做筆記

以前國高中到大學時期，都會為了每個科目買一本專屬的線圈筆記本。但這幾年開始過簡化生活後，我很自動就會問自己「真的有必要為了考試買一本新筆記本嗎？」「不用筆記本就考不過嗎？」（事實上用了筆記本你可能也不見得考過，我是西醫國考兩階段都各考了兩次的人，用廢紙還是用筆記本從來就不是決定你考過與否的關鍵啊同學！）在我見實習的那幾年中，累積了大量的單面廢紙，空白病例表、簽到單、通知單……等等，我很佛心全都留了下來，還從林口一路搬到台中，沒想到「國考」竟然促使我賦予這堆單面廢紙第二春！我將製作單面廢紙筆記本的方法放在本書最後。

預先計畫考試當天的餐點

如果你和我一樣，考試當天沒有人陪考，那勢必要做點調整，因為請人代訂便當而不製造垃圾有困難度的。所以考試當天我是選擇帶雜糧麵包上陣，就用平常買麵包的方式，用布袋或保鮮盒盛裝，當然還有其他選擇，像是番薯、水煮蛋比較能放一個早上，如果你剛好有燜燒罐，也能夠讓你吃到溫熱食物！

考試當天想必一定是非常緊張的，但是別忘了帶水壺，考場通常處處可見飲水機，如果可以的話，也能盡量選擇搭乘大眾運輸或是共乘、包車的方式往返考場，反而會比各自開車更省時間呢！

好陰德不積嗎？

我們常常會互開玩笑說「考前要多積陰德，平時要扶老太太過馬路」，但積陰德的方式真的有很多種，要過馬路的老太太也不是天天都能遇到的。但讀物以商借或購買二手為優先、利用廢紙作筆記、備考期間或考試當天也能稍微花點心思計畫飲食，避免一次性餐具的使用，倘若能從這些小小的考生日常準備起，你的陰德在無形之中定能如滔滔江水連綿不絕又有如黃河氾濫一發不可收拾！

浴室裡的零廢棄——

浴室除了是日常盥洗、沐浴更衣、如廁，還有可能是保養、化妝、卸妝、除毛等日常步驟發生的地方，說是我們每日面對自己本來面目之所在並不為過。談到公寓裡的浴室，這是我們搬進來後一直覺得有點「落漆」之處，這裡原本是一個傳統的台式廁所，使用年限已逾二十年，約一坪的大小、沒有乾溼分離，有著粉紅色的洗手台和粉紅色的馬桶（我倆都不是粉紅色的信徒）；除了馬桶不時會發生堵塞意外，磁磚與浴室門也有長年積累難刷的霉垢，種種原因讓我們萌生整修浴室的念頭。

對於花錢整修租屋處這件事，很多人可能會無法理解，但是我們身為住客，家裡又是我們最常待的地方，所以把錢花在提升住的品質上，是我們兩個都有共識而且期待萬分的事情。於是，我們先自己畫了簡單的設計圖與房東商討，參考的原型其實是家裡附近一家咖啡店的廁所——牆壁由水泥粉光與白色馬賽克磁磚共構，地板則搭配黑色石磚形成黑灰白三色。我們向房東表明我們願意出整修費用，而房東看了我們的設計圖後也覺得沒什麼不妥便同意了。我們接著請來師傅打掉老舊衛浴，接續進行防水工程、泥作，到最後新的衛浴設備進駐，總共費時一週完工。翻新後的浴室散發著沉著的極簡風格，我們剪下雜誌的內頁，放入改造過的舊木框掛在灰色的水泥牆上。有客人來時，我們便會剪兩支窗邊的千萬心枝條，插在空瓶裏，亭立在洗手台上，而結串的綠色心型小葉就是整個空間裡彩度最高的存在，這讓我們上廁所像上咖啡館，無論洗澡或大便心情都在飛揚。至於這跟零廢棄有什麼關係？你可以這麼理解：我們某種程度上也是在「維修」這間我們租來的公寓，我們的居住空間雖然不大，但不代表我們得犧牲掉生活品質；另外，零廢棄生活並非限制不能消費，而是仔細檢視自己的需求，審慎思考過後做出選擇。我們大可以花錢換一間更大的房子，擁有更寬敞嶄新的衛浴，但那是現階段的我們所需要的嗎？我不這麼認為。

整修浴室一開始只是出於想要改善浴室功能，但沒想到透過這個機會也連帶讓我們學到了不少浴室裝修的要點與師傅溝通的技巧。而我們萬萬都沒想到，後來還會有不只一家媒體來採訪我們的公寓，而整修過後的浴室破舊不再，也讓零廢棄廁所呈現得更舒服與完整，試想原本那些二十年的霉垢在電視上，大概會比斗大的「零垃圾廁所」標題還來得吸睛吧？也因此我們兩個都覺得那是當年度最值得的一筆花費了！

我的盥洗實驗室

洗頭這件事，在開始零廢棄生活之後就從一件日常小事變成生活中最具挑戰的事。一開始，我為了不要買罐裝洗髮精，嘗試過用各式洗髮皂，也曾用稀釋的白醋、蛋白、牛奶、自製檸檬皮洗髮液來潤髮，但試了兩年多，頭髮經歷了一大段油膩的適應期，我還是沒有找到最理想、最舒服的辦法。而在那時我們接收了婆婆囤的兩大罐洗髮精與潤髮乳，於是又回歸了一般的洗髮方式。阿選沒有在潤髮，所以一罐 600ml 的潤髮乳我自己用了一年，至今還有半罐。而洗髮精用完之後，我們就回到附近的無包裝商店，帶自己的罐子去購買無包裝洗髮精。只不過這在我的髮質洗起來仍類似皂的感覺，會乾澀咬髮。某次回到綠享家（台中市西區的無包裝商店）補洗碗精時，老闆娘用回收空瓶裝了近期推出的台灣本土品牌 ZERO BOTTLE 洗髮露給我試用，他們主打可還瓶的 Refill 方式（可重複裝填），其實無論裸皂或散裝，還是 no-poo（不用洗髮精）我都願意嘗試，只不過一直找不到可讓頭髮柔順的選項，畢竟我的工作多少得顧及門面，而在試過各種方式後，總算找到令我舒服的選項了。

至於洗澡、洗臉我們就用肥皂，來源是化工行一大塊在賣的那種透明無添加香味的皂基，自己回家切塊使用。雖然皂基外頭仍包有一層塑膠薄膜，但那是我們找到包裝與

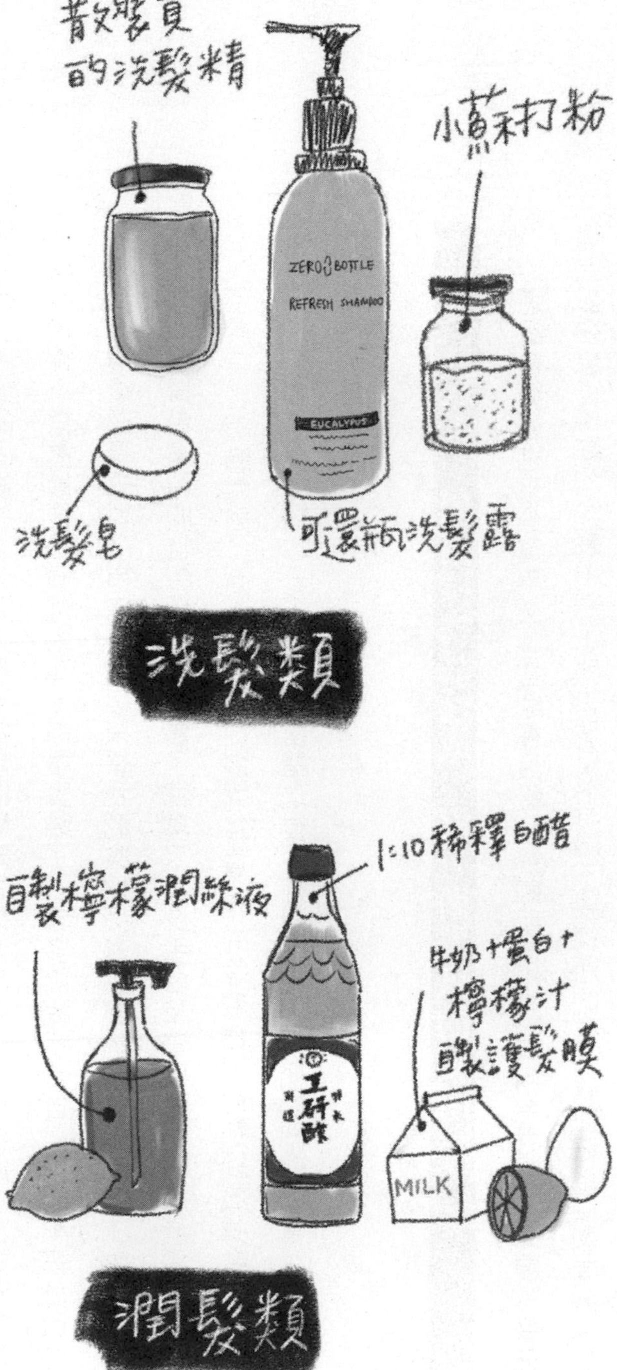

我家的零廢棄盥洗人體實驗組合

價錢相對最能接受的選擇。

刷牙的部分我也嘗試過各種牙膏配方，包含自製牙膏（椰子油加小蘇打粉）、固體牙膏、中藥的固齒粉……等，甚至曾寫信給知名牙膏品牌希望他們能推出無包裝的選項或牙膏錠，當然最後是石沉大海。前後實驗了一年多仍找不到自己用起來最舒服的選項，因此最後還是去買了市售牙膏，只是我們會把牙膏底部剪開，用到一丁點都不剩。而牙刷則選擇台灣製的竹製牙刷，用舊了就拿來當洗手台及瓷磚縫的專用清潔工具。

至於美容美體方面，阿選的電動刮鬍刀就是我的除毛器，而在經歷我各式洗髮實驗，一下聞起來像檸檬、一下像工研白醋之後，阿選對於我把他的刮鬍刀拿去腿上嚕的舉動也就見怪不怪了。

解放屁屁——用兩樣物品達成「沒有衛生紙的廁所」

還記得剛搬進來公寓不久，在家裡最後一捲廁所衛生紙要用完之際，我每次坐在馬桶上都在想：「欸……要用完了耶，你有沒有膽不要補新的？」就在紙捲只剩兩圈多時，我告訴自己：「好吧，我的屁股需要一些通向零廢棄的適應練習，那不然我們先試試水溫吧！」沒錯，就是真的打開蓮蓬頭試試水溫。經過幾個月的練習後，我發現你只需要

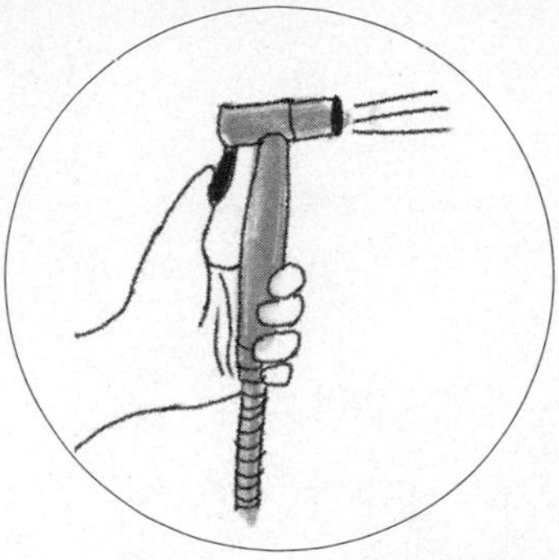

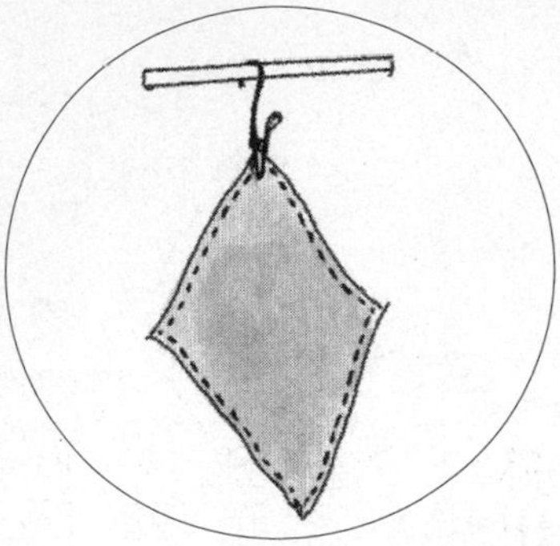

兩樣物品就能達成「沒有衛生紙的廁所」。

我的如廁步驟：小便直接用沖洗器沖掉，再用布擦乾；大便一樣先用沖洗器局部沖洗一次，再加用肥皂洗淨（用手或紗布巾搓），最後一樣再拿布擦乾。

工具一：沖洗器（也可以是免治馬桶、蓮蓬頭）

如果你用過免治馬桶，那你就能想像用水柱沖屁屁的感覺了。只不過免治完，很多人好像還是會拿衛生紙擦乾，不過同學這樣就失去了避免衛生紙的目的了啊！一開始，我們先用蓮蓬頭沖屁股，但是發現水壓太小，很難形成強而有力又集中的水柱直衝要害。所以自從阿選安裝了一個不鏽鋼沖洗器後，所有問題都解決了，再也沒有洗不乾淨的屁股了！（沖洗器可以在賣場或五金行找到）

工具二：取代衛生紙的衛生「布」（可以是毛巾、紗布巾、廢布）

如果你跟我一樣想避免一次性衛生紙，那麼請翻出一條家裡沒在用的毛巾，賦予它「擦屁大臣」這神聖的使命吧！其實就是依循洗澡的步驟，只不過是洗局部，還可以順帶抹肥皂，整個屁股會香香的。產後的我因為肛門口腫脹，大便很常上不乾淨，我便拿了一條女兒擦屁股的紗布巾自己試試，解完便除了先沖洗外，就用那條紗布巾代替衛生紙，把菊花擦乾淨，然後順手洗乾淨晾乾（可以用舊牙刷清掉上頭的髒污），這個方法適合不想冒風險摸到排泄物的人。

外出怎麼辦？

這是我最常被問到的問題，大家都很緊張我外出時如廁的衛生狀況，我能做到的是在家裡面，我可以不用到衛生紙。但如果我在外面上廁所，公廁有提供衛生紙就用衛生紙，若沒有衛生紙我就和大家一樣抖一抖就好了，再不然就用隨身攜帶的衛生紙。自從生了寶寶後，我也嘗試過在外宿時，借用她的一條紗布巾拿來上廁所，使用感覺跟衛生紙非常像，小便完擦拭之後就直接水洗晾乾。至於大號則是依照當下心情，若覺得不想手洗沾了穢物的紗布巾，那我就會用旅館提供的衛生紙。

所以我還是會用到衛生紙嘛！是的，雖然我們外出吃飯第一件事情就是把店家給的衛生紙還回去，但是偶爾還是會碰到拒絕不了的衛生紙，像是機車置物籃裡的廣告或競選面紙、包著餐具送上來的那種，已經有摺痕皺巴巴的，很難再還回去，這時候我就會把它收起來放到隨身衛生紙專用袋裡，以備不時之需。（有趣的是背包裡的衛生紙似乎從來沒有用完的一天！）

我的心得終歸一句話：「重要的是你在舒服的程度下所做的改變，並因為那些改變而感到快樂。」如果你為了完全不用衛生紙而把自己搞得既喪氣又狼狽，反而得不償失。畢竟當初的你可是一番美意哪！也就是想要挑戰自己能不能減少「以為自己很需要」的衛生紙用量。親愛的，你能有這種想法就已經很值得一個擁抱了，一次做一件改變，一點點的嘗試都很好。記得，能執行長久的方法是我們都樂見的。

有些人很好奇做這些到底是要幹嘛啊？沒事找事做嗎？找自己麻煩？為了環保真的有必要嗎？其實我很難告訴你一個原因，環保也許只是初心而已，為什麼這麼做，是因為想了解自己需要的到底有多少。當開始正視自己的需要時，你會發現：什麼？我用一條手帕就能免去用這麼多衛生紙；用一個月亮杯就能避免驚人的垃圾，原來我不需要這個也能活得滿好的！如同六祖惠能的名言：「本來無一物，何處惹塵埃？」東西變少之後，煩惱自然也就跟著少了，那些外在浮雲無法帶來的自省、自愛與自信也就現前了。並非我已經多麼了解自己，但我肯定是比開始這一切簡化之前更喜歡自己了。

再見衛生棉！月亮杯使用滿一年小結

此篇記錄於使用月亮杯滿十二個週期的日子。剔除一開始磨合期的衛生棉和棉墊（還是得把之前買的一次性用品用光），後半年的浴室還真的沒有那些以往的生理期垃圾，身為懶人代表的我，廁所也不再有因為沒倒垃圾而生的異味。簡單計算一下，一年十次週期，每次來六天，一天平均用六片日用（三元／片）與一片夜用衛生棉（五元／片）：這一年裡我減少了至少三百六十片日用衛生棉和六十片夜用衛生棉，總共省下一千三百八十元花在最終會變成垃圾的一次性用品上。當然我也投資了兩千塊在月亮杯和布衛生棉上，大概要用兩年左右就能回本，這倒簡單！

一開始轉換成月亮杯時並非一帆風順，因為身體緊繃時常塞進去取不出來，不然就是塞的位置不理想造成外漏，我還因此曾經在馬桶上痛哭，驚動阿選衝進浴室以為我便秘，其實崩潰的原因是我不想一直洗內褲！也是在那時候我才決定再去補充一些布衛生棉來緩衝。後來長達兩年左右我是靠月亮杯和三片布衛生棉度過生理期的，經量大的時候，就會同時著布衛生棉以防外漏，這也總算讓我不用為了頻繁換洗內褲而崩潰了。後來一直到生產完，才發現單用布衛生棉也能夠接得了較大量的經血或惡露，我自己嘗試過的牌子像是 hannahpad、Charlie Banana、糖來了……等，好朋友「雪莉不要鬧」

我使用過的布衛生棉① Charlie Banana ②③ hannahpad ④糖來了

也曾做過很詳細的影片介紹。前後我歷經了兩個月亮杯，分別是台灣製的月釀杯和芬蘭製的Lunette cup，倘若沒有前一杯的嘗試與眾多考驗，相信我也不會轉而再試另一杯，並找到比較適合自己的。

對我來說，省錢和沒有垃圾其實只是附加價值，零廢棄生理期對我來說最大的價值是我因此感到「自由」，當我的陰部不再因為接觸一次性衛生棉而感到黏膩濕熱後，經期時日常活動與運動變得非常乾淨與尋常，回歸單純只有汗水，而非汗水夾雜經血的複雜感覺。當然，我還是會因經期而備感疲勞、腰痠和肚子悶，但那種感覺大概就跟憂鬱星期一去運動那樣不情願罷了。

尋找鄰里間的二手彩妝

我必須承認，我不是什麼美妝控或是美妝達人，但這並不代表我不追求外表的美麗，想當初我會被羅倫・辛格以及貝亞・強森吸引進而接觸零廢棄生活，一部份原因也是她們並不吝於打理自己的外貌，而這讓我相信「環保」以及「美麗」是絕對能兼具相容的。

我上一罐粉底液是二〇一七年去韓國旅遊時購買的，一罐三十毫升的大小，整整用了三年才用完，並不是我的臉小，而是我用的量不多。我一週有五天上班會需要化妝，比起以前大學時算是頻繁很多，但仍超出了化妝品期限半年多才用完。除了粉底液，其他還有眉筆、眉粉、腮紅一塊、口紅兩支、眼線筆一支、睫毛膏一支，以及定妝用的蜜粉。撇除眼線筆及睫毛膏使用的頻率不高，有時候直接用口紅當腮紅，算起來只要五樣化妝品就可以滿足我的需求了。

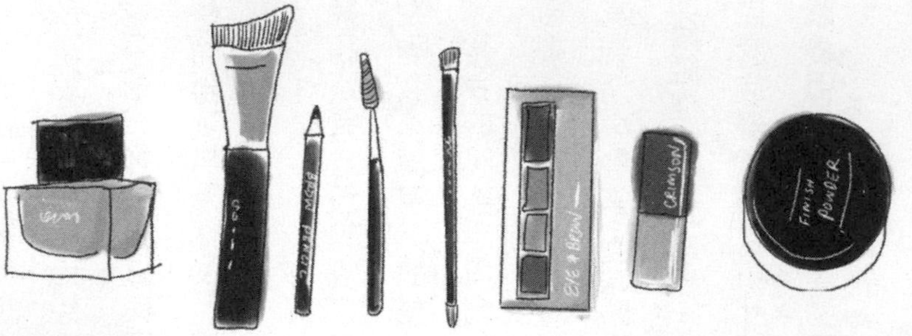

我日常化妝只需用到五樣化妝品：粉底液、可削式眉筆、眉粉、口紅、定妝蜜粉。

當粉底液快用完時，我除了把壓頭拔掉，用刷子把罐底與壁上的用得更乾淨外，我也同時在拍賣網站上物色我的下一罐粉底液。我的確也有思考過那些標榜著「環境友善」、「成分天然」的化妝品，但後來我決定先從二手的彩妝品下手。我不害怕上台與群眾說話，但對於逛百貨公司一樓的化妝品專櫃卻總是畏首畏尾，於是透過網路二手拍賣，讓我這個對專櫃有恐懼症的女子也能嘗試所謂的「專櫃品牌」，滿足一下年近三十的好奇心。於是我在拍賣網站上打上關鍵字「粉底液」，並勾選二手品項，當啷！琳瑯滿目的專櫃粉底液傾瀉而出，仔細看看，大多都是不久前購入，只用兩三次，近乎全新的選擇，而價格當然也是比原價便宜不少。我接著從地區性篩選，先找出同在台中市的選項，交叉比對一番，就可以找到離家裡最近的二手彩妝品。接下來的關鍵就是向賣家詢問，是否願意接受面交，我也會主動說能夠配合去取貨，順便再問問是否可以議價。以這樣的方式我以原價的一半，換到了一罐近乎全新的粉底液。現在那罐粉底液非常安穩地在我的鏡櫃裡服役當中，我也很滿足於這樣的購物模式。除此之外，我偶爾也會佩戴隱形眼鏡，而這是我少數會使用的拋棄式產品，所以真有特殊場合或是運動，我才會配戴。

對於美妝，我在意的主要是眉毛、氣色，以及看起來舒服善良，不會讓我的患者進入診間想回頭逃出去。雖然我沒有太多化妝技巧可以提供給各位，但對於零廢棄的部分我能提供的建議有：

1. 請先把現有的化妝品用光光，真的有需要時再買。
2. 真的要買新的時候，除了可以嘗試二手彩妝外，也可以優先選擇那些有較少包裝、使用可分解材質、環境友善以及實用度高的產品，或是逛一下你姊妹的化妝櫃，看看有哪些她閒置不用的。
3. 真的有需要的時候再化妝，適度讓皮膚休息、接納自己的本來面目才會更自在！將逛化妝品或滑手機的時間拿去早點睡，肝血充足自然膚色明亮。
4. 「今年必須擁有」的不是那些新款的彩妝品，而是一顆懂得物盡其用、分辨需要與想要的心。

用「油與布」簡單完成零垃圾卸妝

如同外帶食物或者使用衛生棉一樣，對於卸妝，以前的我不知道自己還有什麼選擇，反正不就是「去美妝店抱幾盒特價中的一次性卸妝棉，再抓兩罐買一送一的卸妝液，用完再去補貨」這樣的流程而已嗎？

是啊，一次性的用品總是打著「方便省時」的名號，實際上卻在誘拐我們不斷地掏出鈔票，花時間去購買這些最終將變成垃圾的東西，而且還會自願一趟一趟地來回補貨，並且感到樂此不疲！

我本來就有一罐去長灘島畢業旅行時買的初榨椰子油，原本只有冬天會用它來擦身體，但自從看了《我家沒垃圾》之後，索性把現有的椰子油塗到臉上嘗試卸妝，結果發現效果還不錯，因此開始「慢慢」轉換到現在的卸妝模式，為什麼是慢慢？因為還是花了一陣子才把早先買的化妝棉及卸妝液消耗掉或送出去。

進入正題，我的卸妝步驟就是「跟你一樣」，只是把卸妝棉換成卸妝布。

1. 用手沾取油品批次塗抹在臉上，然後用手指畫圈方式，將臉上的化妝品溶解。
2. 用可重複使用的卸妝棉或卸妝布將臉擦乾淨。
3. 卸妝布洗淨後再重複擦幾次臉，直到把殘餘的油擦乾淨（此步驟可省略）。
4. 最後進行正常洗臉步驟，我是用肥皂把臉洗乾淨。

註：若有上睫毛膏或眼線時，要仔細一點卸，油品沾到眼睛雖不至於刺痛，但視野會霧霧的。

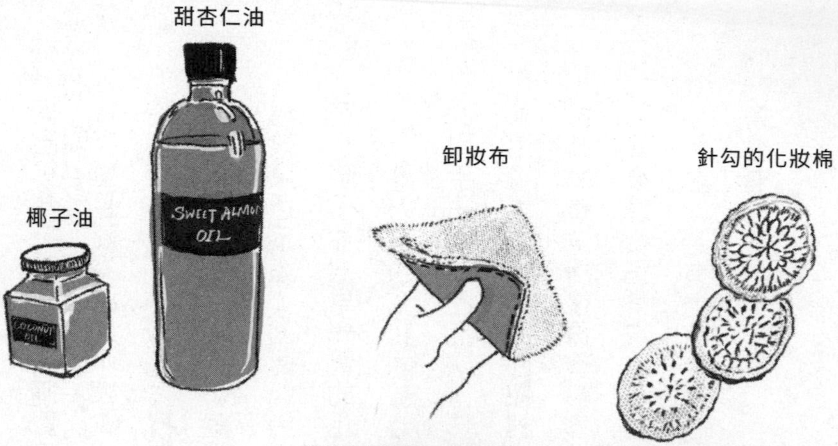

我的零廢棄卸妝組

以下我會逐一說明我用的油品及卸妝工具，提醒大家，我用的不見得是最好、最適合你的選項，也不一定要花錢去買，可以先逛逛自己家，說不定你手邊正好有不穿的棉製舊衣，或者閒置的毛巾布、紗布巾……等等，只要會基本的手縫技巧，其實很輕易就可以擁有個人風格獨到的零廢棄卸妝組！

1. 可重複使用的卸妝棉：蜜月去了芬蘭在當地的手工市集看到了針鉤的化妝棉，驚嘆於它的可愛程度以及實用性。當時購入的價格是三片兩歐元。也是在那之後，我卸妝就再也沒有產生額外的垃圾了！因為是百分之百棉線製成，所以使用到最後髒掉也可以拿去堆肥分解。清洗的方式則是用一般肥皂以六十度溫水搓洗，大概九個多月時間，我只用兩片交替使用，至今變得頗髒。所以大概需要十來片交替使用，可以維持得更久。如果你會鉤針的話，

YouTube上有很多教學影片，關鍵字可以下Crochet（鉤針）reusable cotton pad或是reusable face wipes（重複使用的擦臉布）/ makeup removal pads（卸妝棉）就有各式各樣的影片。

2. 油品：甜杏仁油（玻璃罐裝）購於化工行、椰子油（自備容器散裝）購於禾豐田食（台中西區的餐廳兼無包裝商店）。

我之前為了嘗試自製身體乳而購買一罐甜杏仁油，在各地的化妝品化工行基本上都買得到各式各樣的油品。這罐油大約兩百五十毫升，足足用了一年多，還可以拿去當寶寶的潤膚油。平常就當作卸妝與冬季的睡前保養油使用。我沒有使用其他的睡前保養品，但膚況基本上還滿穩定的。

極簡衣櫥與二手衣——

在外租屋的大家肯定了解，對於房東或前房客留下來的家具，有時候是又愛又恨。我們剛來的時候的衣櫃，就是家飾店那種銀色不鏽鋼架的衣櫃。

二手貨與新品的天人交戰

我們忍受了那個衣櫃足足半年，話題總是繞著：

「我們可以把它漆成全白的！」

「我覺得不行，衣服褲子那些還是會一樣難收。」

「那黑的？」

「算了吧！」

「啊我知道了我們去二手家具行！」（結果去了發現二手衣櫃都超龐大的啊！）

後來我們多次進出 **IKEA** 空手而回（也因此練就了進 **IKEA** 不買任何東西的能力），也上過拍賣網站、**FB market** 搜尋不下百遍「二手衣櫥」、「吊衣桿」，就為了找到真命天櫃。

我們想像中的理想衣櫥是開放式的，有一根橫桿能一覽自己有幾件掛衣的那種。網路上其實不少這種「無印良品」風格的開放吊衣架，但與其上網買，我們想的是如果能自己去丈量它、把它載回來，也比額外要花無法掌控的運輸成本和包裝來得好一些。

在公寓度過的第一個冬天，某個晚上我下班回家，發現阿選趁我不在時去 **IKEA** 把那組層架扛回來。是說我們已經有丈量過和討論過要買什麼組合了，也在紙上畫了好多種樣子，也思索了好幾個月之久，但一直沒有下手也是因為我一直抱持「也許就能」心態，跟阿選討價還價說「也許再等等，就能找到理想的二手貨」，但我還是很感謝他替我這麼做了，雖然沒有成功找到二手的，但是也算是深思熟慮過後所做的消費選擇，而也因為這個新衣櫃，讓我們離理想的樣子又更近一步了！

把衣服一一掛上去後，發現自己會穿的根本就是幾件而已。尤其是上班之後，同一件褲子加三四件襯衫輪流替換就解決了。

在外租屋的重點我想還是要以尊重房東、不毀壞原來家具為原則。我們很幸運原來的衣櫥是可拆式的，而我們的床底下也有足夠空間收納它（後來在零廢棄社團中免費贈送出去了！）至於新的衣櫃也以不破壞牆面為主，用3M掛勾來輔助掛衣桿的固定。

關於擁有二手衣、古著的快樂

零廢棄生活當中很重要的一個環節叫做「重複使用」，也就是好好利用現有的東西、盡量減少產生新的需求。「Thrifting」是我一直很想介紹的主題，外國網站對於這個字的解釋是指「在二手商店、跳蚤市場、拍賣會、慈善團體的二手義賣活動中，用划算的價格購買到有趣的物品」這樣的行為，簡單來說就是「淘寶」。

在 YouTube 上有很多人會介紹自己在二手商店淘到的商品，通常會用 thrift haul 來當主題。另外一個字是 thrift flip，意思是「二手改造」，在二手店常碰到的情境是——你看到有件超美印花或是材質的衣服，但偏偏尺碼是你的兩倍大，這種時候有一群人並不輕言放棄，買回家後做一翻修改，把寬大的男性襯衫變成連身洋裝；或者換一條嶄新鬆緊帶、截短一些長度，讓鬆垂沒有腰線的長洋裝重新發光。

我的衣櫃裡有一半都是二手貨，有在西門町日本進口二手衣大倉庫裡挖出來的白色水玉點點襯衫、舊物市集淘到的珊瑚紅上衣、古窟商行（台南古著店）的荷花領襯衫，還有晨鹿（台中古著店）買的碎花洋裝，更不能忘了最早在星期一古著（台北古著店）用超低價買到的水洗牛仔外套。

大學的我純粹因為喜歡古著文化，鍾愛復古能賦予每個人不同的風格感。所以我也曾經看到喜歡的、促銷的古著就買。但後來，我反倒是因為零廢棄生活更加堅定了購買二手衣的信念，只不過買之前會捫心自問是需要還是想要。

節錄《我家沒垃圾》書中打破對於二手衣的迷思：

1. 我們總是相信新衣服會比二手的乾淨，但你買到的新衣服說不定比洗滌過的舊衣服更髒，因為它可能被許多人試穿過，或是穿了沒洗又退回來。

2. 大多數人會將新塑膠味和百貨公司內瀰漫的香水味與血拚的快感相互連結。相反的，二手店賣的物件裡，表面的毒性物質大多已經釋放完畢。

3.「如果我買得起新衣服，為什麼還要買二手衣？」你的穿著並不能定義你是誰，而是「你是誰」定義了你的穿著。

不是為了衣服的時髦度、品牌曝光度而選擇了它，而是因為你有需要、並且認真從既有的二手衣海洋中，下潛尋找，找到屬於你的寶物。而且這樣一次的購物，你沒有創造出新的需求，你只是從看似沒有人要的那一堆資源裡，找到質地好的、耐穿的、也符合你喜愛風格的。

當然，我還是會買新衣服——在我登上TEDx舞台前，我便去挑了一件台灣設計師品牌的洋裝，可應付休閒及正式場合，這也成為我後來初登電視節目時的戰服；在懷孕之後，為了應付日漸膨脹的肚子，我還是去挑選了一套上衣與褲子的孕婦裝組合，搭配著我姊給我的兩件孕婦上衣，與本來的古著吊帶裙和毛衣，就這樣順利度過了十個月的孕期；在我生產完後，坐月子期間我買了三件方便哺乳的棉質衣服，那大概算是近期最多的消費了！

至於鞋子，我最常穿的是一雙白色Native休閒洞洞鞋，那是大七實習醫師的標準配備，穿了兩年鞋底磨平後，就請老爸帶我去他熟悉的店家貼一張新鞋底，又繼續穿到現在。上班時，我有兩雙平底皮鞋交替換穿，另外還擁有一雙 NIKE 運動鞋、一雙勃肯拖鞋、一雙夾腳拖以及一雙二手的 Timberland 短靴，總共是七雙鞋。而阿選是比我更極簡的人，一雙球鞋、兩雙皮鞋、一雙勃肯防水拖鞋，沒了！為了好應付各式場合，我們的鞋子大多非黑即白，不然就是大地色系。

公寓用它的「小」教會我們很多事，其中之一就是我們得以享受極簡生活帶來的好處。正因為空間不大，所以我們相對不會任意買太多東西，因為這些東西會直接影響到我們的居住品質，除了增加我們儲藏、清理的負擔外，還會減少我們去做想做的事情的時間。值得注意的是，衣服鞋子少並不代表你與「有型」兩個字無緣，你仍然可以適度地去汰換你的衣櫥，增加新的同時，也要同步捨去一些以達到衣櫃的平衡。但請記得，你真的不需擁有很多，幾件衣服、幾雙鞋子，就足夠支撐起你外出旅行、工作、約會的喜悅了！

把愛惜穿在身上

大學時期曾有段時間迷上車縫，當時翻出大姊的縫紉機，玩票性地拿了件舊牛仔褲及老媽的舊襯衫，循著網路上找的版型縫縫補補做出了幾頂漁夫帽。當時自學的縫紉技巧沒想到在幾年後幫助甚大。後來結婚之後，我從婆婆的遺物中找到一件格子背心，並將過寬的袖口縮窄，便成了一件嶄新的夏季上衣。雖然我和婆婆相遇的時間並不長，但是卻參與了婆婆人生最後一段辛苦的歷程，透過修改這件衣服的過程，讓我像是與年輕小姐時候的她做了一場對話，彷彿她在旁看著我一邊忙拍照一邊縫補般，笑著看我把自己弄得手忙腳亂，只為了改小小一件衣服。

在前面極簡衣櫥的文章中有介紹過我盡可能購買二手衣的理念，當然，看到好看的衣服被燒到絕對是人之常情，但是不妨試試看將這股衝動轉化到二手市場，或是逛逛家中長輩們的衣櫥，找尋更多帶有故事及風格的物品，甚或做點加工與修補，賦予這些老衣服更多可能性與生命力吧！

公寓的舊電視櫃升級——

零廢棄生活開始之後，我們對於租屋這件事也有了一些不一樣的看法。租屋看似無法擁有一個安身立命的家、無法得到永久的保障、花錢幫房東繳房貸……結婚後的這兩年間，時常有親朋好友向我們告誡著這些租屋的缺點。

只是我們真的還不確定我們能否在這樣的年紀，就決定往後三十年要定居的地方。對我們來說，每個月的租金換取大城市裡的一方空間和停車位，是很合理的代價，而且能讓我們在居住的過程裡，找到自己適合的居家風格、了解彼此重視的生活機能，擁有對未來居住想像的自由。

租屋的確無法大肆照著自己的想法去裝修房屋，但我們仍努力想在中間取得平衡，不希望因為租屋就得放棄美化生活環境的權利。但一切的前提是要取得房東的同意，了解房東在意、絕對要復原的是什麼。於是在與房東溝通過取得同意後，我們開始對租屋處做一些小至大的翻修，二〇一九年八月翻修了浴室後，拆除了公寓原配的小中島、將玻璃茶几送去二手家具行、並在零廢棄社團送出了前房客遺留的衣櫃。

這篇要記錄的是我們家電視櫃升級的故事，這是前房客留下的家具之一，是一個很基礎的IKEA風格白色矮櫃，我們除了放書之外，也放了文具、縫紉工具、吹風機、熨斗等零零散散的雜物。整理過後還好，但平時呈現最大亂度時是真的令人想落淚。

在某次看到一部櫃子改造的影片後，驚覺我早該幫電視櫃裝個門片，也許就能把家醜給擋在櫃子裡頭提升客廳美感。所以拖著阿選跟我一起去找門片，研究絞鏈（連接櫃子和櫃門的那個關節）要怎麼安裝。無奈地是，特力屋沒有適合大小的木板，我們也沒有適當的木工切割工具，那次只能敗興而歸。

很神奇的是，婆婆家廚房一直有兩片不明所以的木板，阿選說那原本是一個木頭層架，因為有點受潮彎曲，所以很久以前被婆婆指派去拆除，此後兩片木頭層板就一直堆在廚房的角落生灰塵。每次回去看到那兩片都有種「恨鐵不成鋼」之感，覺得它們一定還有更好的用途，而我很有可能就是翻轉它們命運的貴人！

「我需要兩片長方形門片，而婆婆家裡正好有兩片沒人要的長方形木板……」（老天又在暗示我了）於是門片和櫃子都有了之後，當然就是找適當的絞鏈把它們連起來！在家附近的裝潢用品店找到了便宜的絞鏈，也順便請問了店員，店員建議可以加裝強力磁鐵，讓門片更服貼，才不會關不緊在那邊晃呀晃的。最後我總共買了四組絞鍊、兩副磁鐵，大概兩百塊有找。

材料都備齊後，我們卻因為沒時間回公公家拿鑽孔機而拖延許久，閒置了幾週，直到某天我受不了兩塊木板擋在半路上，拿起榔頭和釘子想說：「沒有鑽孔機就不能鑽螺絲嗎！老尚才不信！」就用釘子當鑽孔機，淺淺打出幾個洞，讓螺絲比較好吃進木板裡。沒想到瞎忙一陣時，還真讓我成功鎖完一片門板。於此同時，阿選被我叮叮咚咚的手忙腳亂貌吸引過來，完成了剩下的一切。

步驟其實很簡單，方式如下（門板可以先磨砂，或上保護油，但我們都沒有）：

1. 將兩組絞鍊平均鎖在門板上，再鎖至櫃體上。
2. 將強力磁鐵其中一片鎖在門板上，另一極鎖在櫃體上。
3. 會在意顏色的人，可以用壓克力顏料將磁鐵塗上櫃子的顏色。

雖然一直沒有丈量，但就是這麼剛好，兩片木板的總長和白色電視櫃是一模模一樣樣！雖然木板寬度少了兩公分有些頭大，但後來我們乾脆將錯就錯，將木板貼齊櫃子上緣，把兩公分縫隙留在下方，平時活動由上往下看不太出來，而小小的空隙讓我們不用裝把手也能方便開關櫃門。如此簡單的步驟換來客廳全新的氣象，真的非常划算。（改造完的電視櫃照片在第六頁）

這次改造過程，學到很可貴的事情是——生活要改變真的很困難，就算需要的只是幾十塊錢的小絞鏈，但要是沒有開始鑽孔，永遠都不會體會到改變之後所帶來的快樂。換句話說，生活要產生改變其實也真的沒那麼難——動個念、起個身，彈指之間就能享有完全不同的視野了！

居家堆肥系統

自從我們搬入這間小公寓後，在如此有限的空間裡，垃圾減量變成一件必要的事。經過幾個月的時間，我們在住家附近找到了喜歡的市場、米商、蛋商、麵粉商，讓我們得以進行無包裝練習，少了食品包裝，漸漸地居家廢棄物變少了，倒垃圾的頻率從每週一次、兩週一次，到現在可以超過兩個月才優雅地拎著回收物品為主的垃圾下樓傾倒。

唯獨廚餘，是最常把我催下樓的原因。

我是阿選，是家裡的堆肥股長，這篇由我來擔當。

居家廚餘即使經過妥善處理，裝盒、冷凍，在冰箱裡面放置超過一週也很令人困擾。經青農朋友介紹，我們挑了一個美好的週六前往在台中深耕多年的合樸農學市集，拜訪有多年堆肥經驗的絲田水舌孫大哥，並帶回了兩套居家堆肥系統。

合樸有清楚介紹「如何做居家堆肥」的網頁，想知道更詳細的內容可以上網搜尋。

使用方法也非常簡單：

1. 將切碎的生廚餘（烹調過的廚餘若有過多的油脂將會影響微生物的生長）倒入桶中，一次以十公分高為限，我們家大概一至兩週再把廚餘從冰箱拿出來倒一次，常煮飯的家庭可能會更頻繁一點。

2. 灑上含有菌種的粉末，分解廚餘需要借用微生物的力量，市面上有許多提供各式各樣菌種的來源，我們直接使用孫大哥提供的菌種，網路上更有推廣自己培養菌種的文章，也許你能在其中挑選出自已喜好的方式。

3. 蓋上蓋子，靜候分解及發酵。如此重複五、六次，整桶就裝滿了，建議適時補充一些水分，避免過度乾燥，營造適合菌種生長的環境。

4. 整桶裝滿後先靜置一到兩週，接著每天從下方的水龍頭漏液肥，漏到乾為止。依一比十的比例混合糖蜜（台糖加工糖類的衍生產品）與液肥，再靜置兩週就可以拿來使用了，液肥成品稀釋一百倍後可用於肥沃一般盆栽，或者稀釋五到十倍拿來清潔或疏通馬桶，效果相當驚人。現在我們家裡的植栽們都是吃自製的液肥長大！

5. 脫水後的廚餘渣找個大一點的整理箱，簡單混合一般土壤或培養土，靜置一到兩個月會轉變成可直接使用的培養土，體積也會減少許多。我們則是偷懶將一次發酵後的廚餘埋入家父開心農場的一小角，過兩個月再掘開已經完全看不到食物的殘渣了。

零廢棄的5個R分別是Refuse（拒絕）、Reduce（減量）、Reuse（重複使用）、

Recycle（回收）、Rot（堆肥），前面四個步驟能替我們減去大部分體積的垃圾，堆肥雖然是最後一個步驟，卻扮演著人類與自然之間的關鍵鏈結。套一句我們很喜歡的在地餐廳「施雜貨」赤牛仔大哥的話：「世上的生物只有人類不會把用剩的養分貢獻回去給地球母親。」我們的排泄物因為有完善的污水處理系統，已經不再流入土壤之中，現在開始，透過堆肥仍有機會把珍貴的養分還給大自然。

居家堆肥對我們來說是一種嘗試，也是一項挑戰。能夠在九坪大且無陽台的公寓中，實現自產自銷的堆肥系統，代表著即使在擁擠的都市，食物殘渣也能更有效被利用。政府及環保局多年來致力於廚餘的推廣與回收，但因來源複雜、分類困難等因素，處理起來往往會花去過多社會資源。在居家做自己的堆肥系統，看得到廚餘來源，也能更安心使用製造出來的肥料，我相信未來會有更加便利的廚餘回收系統出現，也許我們應向地球上其他的動物們學習，把剩餘的能

達成 5R 的最後一步：堆肥桶

量回歸給孕育萬物的大地。

YouTube是你一生的老師：經典法式網袋自己做——

我一直都是個對學習「有的沒有的事情」抱有熱情的人，雖然常被吐槽是個三分鐘熱度的人，但是我還是超級熱愛用 YouTube 學習新技能，只不過對於課本內的東西就沒這麼積極了（老媽不要哭）。早在開始環保生活前，我就是個會因為好奇而搜尋縫紉機使用方法、漁夫帽做法、手提袋做法的女子。

談到學習鉤針的緣起，就要從在大學的最後一年說起，當時開始流行起的法式網袋，英文是 French Market Bag, net bag, produce bag 等等。那時的我因為當時沒有找到販賣的地方，加上自己在練習減少消費，但又要排解不時冒出的物欲。我想到的解決辦法就是自己做，如果你真的很想要什麼，先自己找看看手邊有沒有現成的家用牌（家中櫃子裡被遺忘的），如果沒有，不妨就挑戰自己做吧！如同前文的日式便當袋，這些都是我在物慾火山噴發中努力求生而發展出的 DIY 作品。

清秀的白色款就是法式網袋最經典的樣子，在白色細格交叉的袋子裡，最佳的內容物就是一束鮮花、幾顆柳橙或是根莖菜葉這些裸蔬果（拜託一定要放裸的喔！裸的才好看！裸的才好看啦！）

如果今天你要學習一項新事物、一道新菜、一首新歌伴奏彈法，請輸入關鍵字與教學（tutorial）就會出現世界各地很有愛心無償教學的老師。

我剛開始學鉤針的時候先找了幾種版型試鉤，但都因為不是很理想所以鉤到一半就收手了，一直到發現韓國老師教授的漂亮版型後，索性把之前的半成品拆掉重編，最後用了三捲白色純棉線完成了這個法式網袋。這次拜的鉤針老師是來自韓國的 YeJin 老師，雖然我有學過韓文（也是跟著 YouTube 自學的），但是從第一針開始到最後一針，我只聽得懂 1234，所以請別擔心語言鴻溝，可以把播放速度調到零點五倍速，一針一針跟著開始還是可以完成的，影片教學的好處是聽不懂你也可以看懂。

相不相信另外還有西班牙老師、德國老師，教的都是類似的版型，都很好看！最後總共耗時一週左右，包含零碎時間和以往滑手機的時間，我終於完成啦！不得不說在編織的過程中，專注在指下一針一線這件事真的十分療癒，而傾盡心力製作一項東西所帶來的滿足感，比花同樣時間滑手機羨慕別人的美好生活來得大多了。（成品照片在第八頁）

美美的環保商品們，買或不買？

法式網袋是環保商品走紅的其中一個例子，我一開始是從國外的零廢棄圈開始注意到這個小配件的，沒想到只是幾條繩子編成的網袋，後來竟如入無人之境般一路打進了主流的時尚圈，走在路上看到新潮美女們，即使手上一杯塑膠手搖杯，但肩上也有這款便宜又好看的網袋。讓我不禁想像，如果環保、零廢棄、低浪費的生活方式，也能像法式網袋一樣打入主流社會，「好看、質感」是一定要、絕對要的關鍵啊！如果你有追蹤羅倫・辛格的 Package Free Shop，這家店就是一個行銷很成功的例子，光看他們的 Instagram 圖片，你八成也會像逛時下網拍一樣忍不住愛心一顆接著一顆按。

環保用品店致力於推廣環保商品（當然用心的店家還會舉辦體驗活動和講座），希望能幫助更多人開始環保生活，這絕對是立意良善的初衷，但是商店為了生存，勢必得追求銷售量，這代表他們仍然得激起消費者購買的慾望，然而「消費者到底有沒有需要一個新的時尚黑水壺呢？就算他家中碗櫥裡已有五六個經年未用的水壺也沒關係嗎？」這件事情自然就被忽略了。

刺激消費與實踐環保這兩大議題，至今仍然不時在我心中的擂台上搏鬥著，但我認為「刺激消費」某層面來說仍是與環保牴觸的。很多人好奇，難道支持環保就要抵制消費嗎？

我的建議會是，如果你本身已經有相同功能的東西，譬如水杯、便當盒、提袋、環保餐具等等，那麼請先優先使用那些你已經擁有的，先嘗試使用手邊現有的器具一個月左右，如果你用起來發現它還很堪用，那麼就請把自己交給它、相信它、和它培養感情、與它共創未來的點滴記憶吧！

如果一個月後你發現自己根本用不上，那你該問問是因為現有的這個太醜了，你不敢拿出來用，還是你根本不需要（那你也差不多對該項物品滅火了）。倘若是因為外觀的關係，而也確定只要換一個好看的就能解決並養成使用該項物品的習慣，屆時再買也不遲（欸等等，不妨先搜尋一下二手拍賣網，說不定已經有人厭倦了！）。

當然……你也可以挑戰自製物品，這樣一來你投資的就不單單只是商品本身，而是可重複使用的工具（比如說一支三十元的鉤針）與一個絕佳的體驗或是技能。試著繞過以往那條「付錢即可獲得」的路吧！用時間和心力去學習製作那個你想要的東西真的是一件超級好玩的事唷！

在每一場演講中充電和歸零——

自從二〇一七年底接下第一場演講邀約至今，每每踏進一個會場與離開之際，都會興起「哪一天我要把這些感觸寫下來」的想法，讓自己無論未來走到何方，也能謹記來時路的樣貌。

請不用替我準備瓶裝水或點心

我的第一場演講邀約來自斗南高中公民科的禎恩老師，那天我獨自坐上台鐵來到斗南，那是一場安排在午休後的講座。偌大的會議室讓我想起高中的椰風廳，老師安排了學生擔任主持人做引言（禎恩老師在講座一個月前就透過我訂了四十本《我家沒垃圾》，全校一個班級一本傳著閱讀），同學們甚至還跟我彩排了幾遍要如何從最後面的音響準備室，被叫到名字後一路（假裝接受同學歡呼）上台。

也是在那一次演講開始，我養成了習慣事前會和主辦方提醒：「不用替我準備茶水點心，有需要我都會自己準備。」試想如果在台前口沫橫飛講著零垃圾生活，講到一半口有點渴一邊「喀咖」扭開礦泉水瓶蓋的畫面，用想的就覺得好心寒。

那一場演講的對象儘管都是十七歲青少年，但有幾個提問成為我日後生活的指標，前排的男生問：「你覺得零廢棄生活讓你最快樂的是什麼？」我答：「我覺得讓我最快樂的事就是每一個小小的舉動都讓我感覺自己是個好人，而明瞭到自己是個好人的想法就足夠讓我感到自信與快樂。」還有一個被眾人歡笑拱出來的女同學羞赧問：「那你結婚也要零廢棄嗎？」——沒錯！她是點亮一場沒有垃圾的婚禮的謬思，也是在那一個問題之後我的婚禮顧問模式被「趴擦」打開了。

台南荒野與自然材好工作室

在幼稚園老師的引薦下回到了家鄉台南分享，受邀到荒野協會與自然材好工作室。在荒野讓我認識了「大便妹，學環保」的黑羊，在自然材好認識了負責人雞母珠，還有擔任對談人的陳大哥。他們各個身懷絕技，有從香港來台，愛護海洋、推廣減塑不遺餘力的環保圖文創作家；還有帶領地方民眾及學童走出戶外認識環境、舉辦無數工作坊的主理人；也有帶著孩子們學習簡單旅行、垃圾減量、帶領國小舉辦減塑園遊會的超人爸爸。那是我第一次帶著自己的故事深入民間，才發現自己真的很渺小而且年輕，但是這也是許多聽眾給我的回饋——「你很年輕，讓我們感到希望。」

穿越螢幕到台前，大舞台的洗禮

畢業前，母校長庚大學的學弟妹們自發性籌劃了創校的第一場 TEDx 演講，也因為團隊裡的學妹推薦，很榮幸受邀擔任講者之一，年會主題訂作「改變」。TEDx 演講很有趣，因為是官方授權給各地方講堂來辦，所以會提供給主辦方和講者類似「指南」的參考資料，目的當然是為了維護 TED 這個品牌的品質與可信度，包含演講內容、形式以及忌諱等等，都是注意要點。

身為一個 TED 粉（畢竟會開始零廢棄也是因為看了 TED 演講），這個機會真的是千載難逢，所以縱使一開始有許多「我夠格嗎？」之類向蒼天的呼喊，但既然接了就只能全力準備了，但我真的很緊張（在演講四個月前，光只是做功課研究別人的 TED 演講時，還是一邊看一邊發抖）。我最喜歡的 TED 演講毫無疑問是〈Your elusive creative genius〉（Elizabeth Gilbert）[3]，但裡頭其實是根本沒有簡報的。後續又研究了國內中文的 TEDx，發現幾乎清一色還是有簡報，但既然要講零廢棄，我決定要做就要做「很

3 暢銷書《享受吧！一個人的旅行》作者。

簡單的簡報」，就是有圖、很少字，像說兒童繪本那樣。於是我開始動工手繪自己的簡報。流暢的 TED 演講背後，當然是需要預先準備稿子的，我不太知道 Elizabeth Gilbert 有沒有自己寫逐字稿（因為她總是出口成章的感覺），但是不好意思我有！而且一刪再刪、一改再改，時常有種回到小時候準備國語演講比賽的錯覺。

後來在 TEDxCGU 上看到了現場的博恩、欣賞的演員作家鄧九雲，也認識了玖樓的伯麟，會後也和學弟妹們相談了很久，關於在長庚這些年的淒風苦雨與燦爛回憶。太多的分享與接收，充斥著感官，沒有意外地，TEDx 年會結束後又是一次從雲霄墜落，再一次歸零。

融入台中生活圈：台中荒野與主婦聯盟

畢業後，我正式搬到台中生活，也許我的年輕臉孔在地方爸爸媽媽面前很新奇，透過台南荒野的介紹，我陸續受邀至台中荒野協和台中主婦聯盟演講，非常感謝大家願意花時間聽名不見經傳的本人說話。在這些地方詢問度最高的大概就屬：「請問你如何改變另一半？請問另一半嫌麻煩的話要怎麼做？要怎麼帶家人一起來減塑？」

當然這就要說起，每一場演講幾乎都會陪我去的阿選。所以到了主婦聯盟那場，我和阿選商量：「欸，怎麼樣你幫我講十分鐘？」於是身為當天在場唯一非主婦的阿選便從此開啟了演說之路。看到阿選出馬，各路媽媽都很好奇這個大男生怎麼會願意一起減塑。但其實我沒有什麼厲害的技巧，只能說當彼此都體會到減少物慾及垃圾之後的許多好處（例如老婆不太會去商場購物），才能如此同舟共濟，奮力划著零廢棄小舟相親相愛。

禾豐田食：開拓我們對飲食與農業的視野

甫到台中時，我們為了無包裝味噌、椰子油和洗碗精先拜訪過禾豐田食一次，想不到後來接到中區秀明農夫市集的邀約，他們是一群以自然農法來耕作且友善環境的農夫，固定會在禾豐田食的院子舉辦市集販售農產品。那一次的演講與之前的經驗很不一樣，餐廳一樓變成講堂，聽眾可以在外面買了水果再進來聽分享。在那裏我們認識了主理禾豐的 Dylan 與安妮、世豐果園的林大哥，還有後來變成好朋友的橘 sir 俊瑋（婚禮伴手禮的種植者）。也是在那段時期後，我們開始接觸到了許多第一線的農夫與餐廳負責人，有點慚愧但又喜出望外地，發現原來不曾瞭解的世界如此精采茂盛，我像隻食慣了盤中飧的家鳥，放飛廣袤的田野後，心生敬畏卻又一見如故。

零廢棄教會：一群人一起做比較好玩

來到台中後，發現台中真的是零廢棄寶地，原因無它，就是「人」的關係。我和阿選像是誤打誤撞不小心就闖進桃花源，先是跟了《零廢棄的美好生活》作者，也是人稱「零廢棄教主」的呂加零開的無包裝牛奶團，發現台中有一個熱愛環境、教育與實踐的社群在蓬勃發展。後來有一次機會參與由加零主辦的一場零廢棄教友聚會，我們在細雨霏霏中來到東海食農教育基地，每人各帶一桶生廚餘，一起學習熱堆肥（原來堆肥真的是用堆的，像做蛋糕一樣一層落葉一層生廚餘，堆得像座小山，過幾天還會升溫到六十度）、一起共享各自帶來的無包裝美食，午後則由我和阿選在竹搭講堂裡，和大家分享零垃圾婚禮的經驗。這場分享的特別之處除了與自然比鄰外（旁邊就有菜圃與雞舍），聽眾還都是來自各方的環保生活高手，有趣的是大家共有一顆知足惜物愛惜環境的心，但最初「入教」的動機和方法都不大一樣，甚至從中還能看到每個人獨到的鮮明色彩！所以環保真的有百百種方式，而且是即刻就能開始的——出一張嘴（拒絕不需要的）、帶一條廢布（重複使用來擦嘴包東西）、本季開始少買不需要的特價品，你真的是走到哪都擁有萬丈光芒！

這篇紀錄我用了三天慢慢地寫，寫的是這一年半中我初出茅廬的幾場演講收穫。高中時，我的偶像是蔣勳（或陳綺貞、張懸之類的），很嚮往自己也能站在台上侃侃而談，在城市裡抑或鄉野間用自己的理想觸動截然不同的人群，只是當時我不知道自己要和群眾談什麼，也不知道人心如何觸動，也從來沒想過十年後「零廢棄生活」會是開啟這條故事線的標題（因為高中的我最愛喝一次性手搖杯和紙碗裝的炒泡麵）。

我在每一場演講的結語其實都只有一個，就是減少垃圾固然重要，但更需要學習的是享受簡單的快樂。雖然不知道未來會不會有第二十場演講，但沒有關係，在三十歲以前，我想承續自己二十五歲發下的願，用舒服的方式將好的觀念與方法散播出去，讓更多人知道，可能的話，或多或少讓這塊土地的環境更好，上頭居住的人們也能更加快樂。

如果我們的島是零廢棄島——

在《我家沒垃圾》一書的最後一個章節《零廢棄的未來》中描繪了對零廢棄社會的完整想像。所以時常我也在想，如果我們把視野擴大，零廢棄應用在整個台灣又會帶來怎麼樣的改變呢？

我對於零廢棄家園的想像是這樣的：倘若我們能夠變成循環的島嶼，政府企業將金錢與時間投入致力於循環經濟與永續環境的產業中，營造友善環境且堅強耐用的建設與公共資源；而人民普遍擁有較低的物質慾望，無論個人還是家庭，都願意將金錢投資在本地製造的耐用產品與設計上，人們對於二手市場與維修再利用感到自然且直覺，會有以社區為單位的菜園及堆肥系統，甚或工具圖書館可提供機具租借共享。一旦花在物質消費的時間減少了，人們會有意識地將騰出來的時間花在自然環境、生活體驗、技能與知識的學習上，也會有更多家長鼓勵下一代勇敢選擇真正有興趣的行業與科系（因為屆時社會的價值觀普遍認為因收入選科系、有錢任性、炫耀性消費是短視近利的行為），林立的各科補習班會改為教授「裁縫再製」、「植栽農耕」、「木工建築」、「美學設計」、「剩食料理」、「堆肥技巧」、「野外求生」等實用技能。

新世代的人們在出生後，成長路上便會不斷有人告訴他們，很抱歉這個世代人類無法再予取予求，我們做什麼事之前都要先考慮環境成本，每一個一次性包裝的零食飲料，都會酌收垃圾處理稅，但不要緊，因為我們有的是更多在地的無包裝選項。孩子會在出門買菜時，幫忙把布袋、保鮮盒放進購物籃，想吃零嘴時要記得帶上自己的容器；而女孩們初經時，使用的會是家政課自己手縫的布衛生棉。

零廢棄的台灣，經濟不會匱乏，因為當我們擁有自給自足的能力時，其中蘊藏的軟性實力會是經濟活動的泉源。當我們倚靠著永續的山脈，屹立在太平洋上時，別忘了那些我們早已坐享其中的自由與創造力，那樣的台灣，自然會是各方爭相前來取經的標竿之地吧？

CHAPTER —— 3

一場沒有垃圾的婚禮

前置作業一二三——

我們決定結婚並非心血來潮，因為在交往過程中就不斷計畫著往後共組家庭的樣貌。阿選在寫給我的生日卡片上便曾經畫出未來家的想像圖，雖然天馬行空到近乎離譜，包含地下連通的海底隧道、種滿九重葛的圍籬，還有整棟房子長得像「尚」這個字，我們甚至有假想的兒女一雙，還各取了難聽卻自認可愛的小名，「以後要帶××來這裡！這個○○一定會喜歡！」。於是在我大七結業前，阿選有天直接把我帶去選婚戒，因為我在先前就有明示他不要自己選，要是我不喜歡還要更換很麻煩。

過了一星期，那天下午他西裝筆挺，斜倚著機車停在醫院土地公廟外頭要接我下班，途經花店叫我下車取貨，結果店員一陣騷動後交給我一束巨大的粉色玫瑰花，怯生生地跟我說：「很重，恭喜」。我於是十分吃力地一手抓著阿選的西裝外套，另一手環抱那巨如樹幹的花束坐上機車，這讓我想起熱戀時穿著厚底鞋去爬軍艦岩的那天，那是我第一次坐他的機車後座，而就在我仍沉浸在往事的粉紅泡泡中時，一位阿姨在我們停車時看到這顯眼的花束，用尖銳嗓音劃破我的愛情跑馬燈，不識時務地大聲問我：「這個是要求婚嗎？」並揮手招來不遠處的小男孩，「欸兒子你來看！他們要求婚啦！」於是我們速速用「哈哈哈謝謝」帶過，並在小男孩狂奔過來看熱鬧前閃進了住處的大門裡。

我曾經明確地形容過我想要的求婚場面，就只有我們單獨兩人，不要旁人、不要氣球和燭火，在家裡最好。回到家裡，阿選引我進房間，床上立著兩隻用浴巾摺成的天鵝，就在牠們的見證下，我們完成求婚儀式，並互相戴上了戒指。接著我眼淚擦乾馬上動手拆卸那捆得毫無破綻的花束，一邊碎念：「這包裝真的很多欸，九十九朵我們要怎麼處理啊？」後來我們把玫瑰分送給室友和朋友，剩下的吊掛起來做成乾燥花，結業典禮前夕我再包成小花束，送給同組的組員當結業禮物。

至於婚紗，則是我們趁著特休時在韓國首爾拍的，徹底體驗到江南區婚紗產業一條龍的威力。從前一天挑婚紗西服，當天一早去清潭洞的美容室化妝弄頭髮，接著去選定的攝影棚進行四小時的棚拍，隔天取所有母片近五百張。由於我們當時開始練習拒絕不需要的東西，於是拒絕了精美的 USB 外盒以及巨幅的相片框，讓韓國老闆大傻眼，大概沒想到有人花錢拍婚紗還不想拿東西，一直再三跟我們確認：「你們確定這些都不要嗎？」最後我們還是拿到了一本相冊和幾個小相框（現在回頭看，如果可以我還是會選擇只要電子檔就好）。但除此之外，那次的體驗實在輕鬆沒負擔，讓一整年在醫院裡蓬頭垢面的我們能直搗韓國美容文化之核心，一個畫上韓妝、一個梳上歐爸油頭，互相誇讚：哇——你是哪位？煥然一新！

拍完婚紗後又過了將近一年，我們才終於找到合適的時間去登記結婚。登記前幾天，阿選陪我去了台中喜歡的古著店，挑了一件二手的碎花連身裙，然後晚上我們一起走到勤美附近的花店，自己挑了乾燥花，再請店員單用牛皮紙包成小捧花。我們兩個當天早上預約了婆婆的御用美髮阿姨，阿姨滿心歡喜幫我梳了一個華美的髻，而阿選則獲得了硬挺且根根分明的油頭一顆，從家庭美髮沙龍出來的兩人像極了民國初年的人物。只不過我們一如往常地出包，讓我爸媽六十幾歲的人了還要從高鐵站狂飆回家拿戶口名簿而錯過了預計前往台中的車（後來證明不一定要戶口名簿，事後再補也行），但感謝老天讓最後一切圓滿，我們也成功在氣喘吁吁的父母面前完成登記，順利成親。也好，要雷就雷在一塊兒，不要各自出去害人。

我們倆對於結婚這件事其實沒有太周全的計畫，登記完後就趁著預約好的假期接著去蜜月旅行，婚禮則是最後才決定要辦。過程中我們沒有太多的「一定要怎樣」，我想那是因為我已經做了最大的那個決定就是嫁給阿選，相較起來，其它事情都顯得細小了。結婚一個月後還不很習慣自己是位太太，運動中心的教練聽到我登記了非常興奮，硬是要在預約表上寫「楊太太」；球隊的學妹們也嚷嚷我現在是「結婚卡」（我以前是潔西卡）；偶爾還是會脫口說出我男朋友怎樣怎樣，發覺後硬是要改口加一句：「噢現在是先生了。」但不習慣的也只是稱謂，最習慣的仍然是在你身旁的每一天以及耳邊的每一聲軟語。（噴個乾冰以作為結語太肉麻的懲罰——噗哧）。

婚禮印象——

對於結婚這件事，我最早的記憶停留在四歲時幫不認識的鄰居當花童，在一片混亂中我被推上禮車，沒地方容身只好被新娘抱在腿上。這理論上應該是個滿溫馨的畫面——白紗新娘抱著一個白紗花童，但我真是害怕極了，除了外頭震耳欲聾的鞭炮聲，新娘子的蕾絲裙襬更扎得我坐立難安。後來我上了大學，這回換我大姊出嫁，我擔任她的伴娘身兼婚禮影片製作人。猶記得結婚前一天，我在新娘房裡剪輯影片到深夜，然後又準時凌晨五點起來幫忙準備迎娶儀式，接著一路忙到晚宴，席間有大半時間在我姊背後幫她顧裙尾，整天下來，她真的沒一刻閒著，這才發現當新娘真的不是一件簡單的事。

我們在人生的不同時刻都曾經參加過婚禮，這些婚禮各有特色——有路邊的流水席伴電子花車女郎熱舞，有婚宴會館裡雷射燈環伺的龍蝦上菜秀，也有高級飯店的古典樂配升降舞台，也曾到訪在青草地上提供現烤乳豬的農場婚禮。隨著年紀的增長，我們在婚禮中所企盼的事物也不斷更迭——從小時候最期待的「看新娘子」，再到最後一道的甜點（尤其期待用保麗龍盒裝的冰淇淋夾心餅乾），過十八歲後開始期待能斟上一杯紅酒，然後漸漸變成和許久不見的朋友聊上天。但偶爾也會和一群不熟的人併桌，導致整場婚禮只能在夾菜、看舞台、滑手機與上廁所的排列組合中尴尬度過。

當我們開始零廢棄生活後，去到婚宴也是像平時外食一樣，在行囊裡預備一個保鮮盒，但不得不說每次拿出來都覺得芒刺在背，因為酒足飯飽之際大家都沒事做，就看你一人進行打包秀，甚至還會有工作人員經過關心地說：「你這個不夠包啦！我幫你包比較快！」然後火速把餐盤劫走，五分鐘後全變成打包精實的塑膠袋大軍。也是在我開始注意垃圾量之後，才會在曲終人散時，注意到一片杯盤狼藉中，散亂著印有新郎新娘美貌的婚紗小卡、未拆封的喜糖與拆封了卻不想要的伴手禮。還有打包了佛跳牆或雞湯的塑膠袋，像一棵棵修剪完美的庭園樹，立在桌上乏人問津。

當人們在談論籌備婚禮時，總是有自己最在意的那個部分，而說起婚禮經驗，總是不乏聽到「超麻煩、超花錢」或是「這個錢不能省啦！」的評論，我也聽過不只一位人妻回顧自己在婚禮上什麼都沒吃，只有在新娘房換裝時胡亂扒幾口飯。

載著前人的分享與自身參與過的婚禮經驗，在完成登記後，我們也開始尋找下一步。因為我娘家信仰佛教，我們最初打算報名法鼓山的聯合佛化婚禮，節錄幾點簡章上的活動目的，內容真是直中我心：

1. 透過綠色低碳婚禮的辦理及集體參與，響應並帶動節能減碳的潮流，從人生大事共組家庭的第一刻起即落實環保愛地球的具體行動。

2. 推廣「禮儀環保」，改善鋪張奢華的傳統婚禮儀式。

3. 以佛法及「禮儀環保」的理念，扭轉社會奢華、鋪張的婚宴習俗，並簡化傳統婚禮繁雜的儀式，達到節約社會資源，提昇民間嫁娶的習慣。

但巧合的是，自二〇一八年起佛化聯合婚禮便因為階段性任務已圓滿而停辦了。於是我們才進一步開始思考——如果真的要辦婚禮，那要辦什麼樣的婚禮呢？「零廢棄婚禮」這樣的關鍵字其實早在我減廢之初就萌生了。那時我透過網路搜尋過「零廢棄婚禮」（zero waste wedding）的關鍵字，其中讓我印象最深刻的是一位美國的零廢棄部落客 simply by christine 的極簡灰白色系的婚禮（參考文章：*Our minimal, low waste wedding*）。國外的婚禮沒有繁複的嫁娶儀式，只有新人在賓客見證下的證婚儀式。

而當阿選問我這場婚禮有什麼最希望完成的事嗎？我當時呈臥佛姿勢攤在沙發上，沒想太多就脫口而出：「我不想要很早起床，然後想要吃到飽，還有要跟我朋友聊天聊到爽，OVER。」

另外我們也試探性調查雙方父母的意見，我爸媽是當初鼓吹我們去參加佛化聯合婚禮的人，所以他們對於婚禮簡單辦是舉雙手贊成，我媽只說場地要讓大家好前往、廁所要乾淨，如果辦在戶外要考慮長輩與小孩的安全性。至於婆婆那邊，她原先還在擔心我們台南人嫁娶習俗恐怕很繁瑣，一聽到我們想簡單辦，她大大鬆了一口氣，然後接著指明一定要請她的好朋友美髮阿姨參加，還有座位的安排上讓她跟公公坐遠一點（這將是他們離異十多年來首次會面）。公公雖然交友廣闊，但聽到我們邀請的主要都是家人，各自朋友只有不到十位，也就沒有什麼其他意見了。另外，長年茹素的大伯（阿選的哥哥）則提出他的想法，希望我們能將婚禮當作一次培福的機會，不要讓生命為此犧牲。

於是，我們婚禮的最初設定也就這麼呼之欲出了：

一、婚禮最高目的：新娘要吃到飽、聊到爽，不要早起。

二、婚禮手段：希望可以落實禮儀環保（簡化婚禮流程）外，也能盡可能避免垃圾的產生。

三、特別要求：素食友善、場地安全與清潔、公婆的座位安排要在同一主桌內找到最遠距離。

如何準備一場沒有垃圾的婚禮——

辦婚禮很累人這件事大家時有所聞，但一直到要籌畫自己的婚禮時才覺悟：「這是何苦為難自己呢？」在我看來，最環保、最不浪費的做法還是——不要辦婚禮。所以，如果你還沒走到非辦婚禮不可的那一步時，不妨認真考慮一下，用登記結婚或雙方家人吃一頓飯來代替宴客，你可以拿辦婚禮的幾十萬去做更有意義的事！但是話說回來，我們還是選擇了要辦婚禮這條路，一方面還是想與親人分享我們的喜悅，一方面想要挑戰能不能用符合自己價值觀的方式把一場婚禮辦好。

婚禮預計辦在十二月，而我們對婚禮最初的想像是：一場沒有垃圾的戶外婚禮。最希望能有時間和親友大聊特聊，而不是逐桌敬酒然後就送客了。

僅撰文以記錄我倆的心路歷程，辦一場婚禮真是天將降大任於斯人也必先苦其心志啊！在這個「沒有垃圾的戶外婚禮」的框架下，我用列點來具體說明我和先生的共識。

1 減少不必要的繁文縟節及資源浪費

刪除提親、文定儀式、不收禮金、不請伴郎伴娘（新郎不闖關）、新娘不換裝、不請樂團、婚禮佈置不做背板、專屬刻字等等只用一天且不能分解的東西。人數控制在八十人以內、南部親友包車前往，外燴餐點選擇素食。

2 盡可能避免產生垃圾

不發紙本請帖（用網站及 line 通知取代）、不發喜餅及婚禮小物（改用婚禮現場發放在地農產品代替）、用可重複使用的東西替代一次性用品（免洗餐具、一次性食物點心盛裝器皿、衛生紙、濕紙巾）、用可分解的材質替換掉塑膠的選項（竹牙籤取代塑膠牙籤、麻繩取代緞帶）、以自助餐形式代替圓桌菜（需要多少拿多少）、準備並宣導賓客自備容器來打包。

3 盡量用現成或手作的，不放過二次利用的機會

新娘單租一套白紗、與大姊借 nubra 及婚鞋、新郎穿現有的西裝。新人自己製作迎賓海報、裝伴手禮的麻繩網袋及用剩布車縫手帕。與婚禮佈置討論花藝的再利用，例如走道花二次利用在餐桌上。

相信看到前面我們刪了這麼多東西，照理說沒剩什麼了吧？沒錯，大概就剩下證婚儀式及晚宴兩件事情而已，但是光這些也就足夠煩雜的（容我向所有跑完訂結儀式的前輩們致敬）。從選擇場地（硬體租借）、禮服、伴手禮、婚佈、外燴、婚禮流程……等等這些林林總總的細節都需要事必躬親，因為我們很注重過程中是否符合環保意識，所以「把關」的重責當然是我們自己承擔啦！最後到底成果如何呢？就把主持棒交給阿選，新娘要去大吃特吃啦！

婚禮紀實——

二〇一八年十二月二日　星期日　天氣晴

大家好，我是阿選。

為什麼今天換成我發言呢？因為一般來說，婚禮當天通常新郎會比新娘還要清閒一些，所以這篇婚禮紀實將由先生的視角出發，請大家跟著我來看看這場沒有垃圾的婚禮是如何進行的。

早上五點：別傻了當然還在睡。

九點半：正式起床。

十點半：巷口吃早餐。

大約下午一點我們抵達台中新社的場地，就待今日將準備多月的「零廢棄婚禮」呈現出來。

邀請函與迎賓版

一場婚禮的要處理的事有非常多，為了舉辦一場零廢棄婚禮，我們想辦法刪除並簡化很多步驟，並努力避免可能產生的垃圾。我們的賓客以近親為主（高達百分之八十），實到人數較容易掌握，在婚禮前一個月與前一週，我們重複發送電子版邀請函（親友群組很方便，因此無印製紙本的需要），邀請函我們沒有假手他人，是由太太一手包辦電繪及排版；裡頭詳述交通方式，並提醒大家記得至少攜帶一個環保容器作打包使用。至於婚禮現場的迎賓海報，則由我們在家裡用水彩和奇異筆描繪邀請字體，難得奢侈地選用一張「高級的」進口水彩紙（二十元），結束之後不會有回收困難的問題。畫架和畫板則是分別從雙方老家挖出來的，恰恰好湊一組。

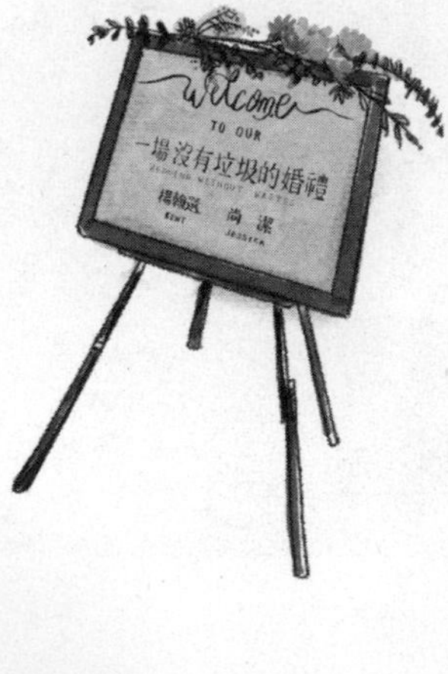

實際產生的一次性垃圾：四開圖畫紙兩張、紙膠帶。
實際花費：二十元。

化妝

新娘事先已經與新秘談論好，以小手帕沾水和酒精來代替化妝常用的衛生紙與濕紙巾，消毒用酒精家裡原先就有，不需額外購買，小手帕和之後出現在餐桌上的一樣，都是來自姊夫做帽子用不到的剩布，我們花了幾週的時間，裁好適當大小，簡單收邊，製作出大約一百多張小手帕。其實用布來擦拭比衛生紙更堅韌好用，去污力強，不需一直更換，因此化妝台面也不會變得雜亂。其餘為新秘原有且可重複使用的化妝用具。至於婚禮後卸妝則是新娘維持一貫的方法：椰子油加可重複使用的卸妝棉。出門前幫新秘準備的血糖升高劑——波霸鮮奶茶，當然也是用自備玻璃罐加不鏽鋼吸管高規格伺候！

> 實際產生的一次性垃圾：衛生紙兩張、棉花棒一支（新秘說她平時每次大概會使用濕紙巾＋衛生紙各五張）、雙眼皮貼與假睫毛各一對。
>
> 實際花費：新娘新郎各一個妝髮的價錢。

髮飾

婚禮前幾天的某個晚上，我和太太晚飯後在巷弄間散步找靈感，發現路邊一些野花小草很精緻，便和新秘討論，以先前訂婚所使用的乾燥花為基底，點綴一些新鮮的綠葉、小花，取代晶亮的裝飾品，更搭配婚禮現場的自然氛圍，使用完隨手一扔，馬上可以回歸大地。

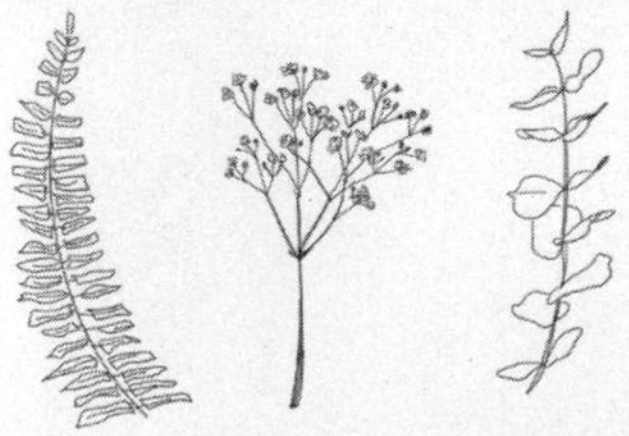

實際產生的一次性垃圾：橡皮圈2條、紙膠帶數段（黏接葉子與髮夾）。
實際花費：零元。

禮服

因為婚紗照是在一年多前就預先拍好的，當時並沒有決定什麼時候要舉辦婚禮，因此婚禮所使用的禮服就需要額外租借。新娘的禮服，我們總共看了四間婚紗公司，最後選了一套長版但不拖長尾的輕婚紗，雖然有加一點錢多送一件的套餐方案，但最後我們還是決定單租一套穿到底，讓新娘不會因更換衣服而錯過每個屬於自己的精采時光。新郎的西裝部分，我試穿一間西服店後發現，要夠合身、時髦、不退流行、又要能夠搭配自然景色的，不就是衣櫃裡早有的那套深藍色西服嗎？它是某次去泰國旅遊時誤打誤撞訂製的，陪我征戰過各種重要場合，這場人生大事我當然不希望它缺席，唯一的問題是我的身形與幾年前稍有不同，於是花了兩百五十元，將大腿與腰部改寬、再用兩個月減了大約三公斤，回到訂製西服時的體重，要它陪我再戰一回。

實際產生的一次性垃圾：禮服店收據一張。
實際花費：新娘禮服一套的價錢（一萬多元）＋新郎修改舊西裝（兩百五十元）＋新襯衫（六百元）。

伴手禮（婚禮小物）

我們很幸運地在某次活動認識人稱橘 Sir 的俊瑋，當下就決定訂購他的橘子，並採用他的建議，自己手工編製麻繩網袋，包裹著愛心自然農法養生橘作為伴手禮，並選擇最低碳足跡的工法，請他當天早上直接從新社送到新社，這樣的婚禮小物好吃新奇又好玩，即使賓客不重複使用網袋，也不會造成地球的負擔。

實際產生的一次性垃圾：麻繩的紙包裝及軸心（紙製）5個。
實際花費：麻繩網袋（七百元）、橘子（兩千元）。

婚禮佈置

戶外婚禮的佈置會比室內婚禮要複雜一些，我們從幾個月前開始搜尋婚禮佈置公司，花了許多時間溝通與討論，認真探討我們需要的是哪些部分。因為賓客大多是親人，我們不收禮金，所以不需要收禮桌；漫漫莊園提供包場式的服務，賓客到場之後就會把木頭大門給關起來，所以也不需要迎賓區，我們需要的佈置只有證婚區的拱門、走道椅背花、主客餐桌佈置、新娘捧花、新郎胸花，與簡單的相簿桌佈置。專業又貼心的婚佈公司小戶人家聽了我們不太尋常的請求後，不僅沒有打退堂鼓，還幫我們想出許多減少浪費的好方法，像是將桌上與椅背上的花都做成花束的形式，方便賓客帶回家插飾、將家中閒置的畫架加以裝飾即成為好看的迎賓版，也可將走道椅背花在證婚儀式結束之後，移至餐桌上成為桌花等等。婚禮前一週，小戶人家送我們一批回收的尤加利葉，我們墊著亮度開到最強的電腦銀幕，一筆一畫描繪出每位賓客的名字，讓二次利用的乾燥葉片散發出心的溫度。台灣的氣候溫暖，特殊花材、葉材多為進口，而這些裝飾用植物在凋謝之後，多半會被當作一般垃圾處理，目前台灣的堆肥系統也很難兼顧到這一塊，所以在情況允許之下，我們盡量避免使用過分的花量與高運輸成本的進口素材，也減少運送及包裝過程所使用的一次性材料。最後在婚禮結束時，除了無法拆卸的拱門花藝外，所有的鮮花束都被賓客索取一空。

實際產生的一次性垃圾：新郎胸花保溼用衛生紙一張、捧花／胸花保水用塑膠袋兩只、裝捧花紙袋一個、捧花外側保護紙（婚佈貼心幫我用回收報紙包）、固定花藝用釘槍子彈數枚；固定花藝的塑膠束帶至少二十個。

實際花費：視婚佈公司訂價與布置項目多寡而訂（我們的約五萬元）。

餐點

不論是戶外或者是室內的婚宴場所，大多會有習慣合作的廠商，因此我們選用與場地合作多次的外燴公司，他們提供的菜色樣式豐富又好吃，服務也非常優質。外燴公司和我們都不希望有太多食物因吃不完而被丟棄，所以我們確定賓客人數之後，只訂做符合人數的餐點，七十六人就準備七十六人份的餐點即可，並每道餐點逐一討論，哪些菜餚在製作過程中，會使用到塑膠或一次性用具，若無法避免就改成其他替代方案，我們從源頭悄悄做出改變，賓客一樣能自在地用餐。此外，葷食有很多吸引人的菜餚，但考量到會有難以處理的廚餘如骨頭、蝦殼、魚刺等，食用過程也容易弄髒雙手，如此一來會有更多的清潔用品被載上山、丟棄在山上或污染水源地，因此，我們決定採用素食餐點，溫柔對待生命也降低各種傷害。附餐酒品是向熟識的酒行訂購，他們除了提供我們非常專業的介紹之外，也很樂意降低包裝用的包材與回收盛裝紅酒的木箱，原來酒箱是可由廠商回收作二次利用，或回原廠重新填裝新酒。最後的最後，我們邀請賓客們拿出事先準備的容器，將自己喜歡的菜餚打包回家，減少食物被丟掉的機會，也減少外燴公司清運廚餘的工作量。

實際產生的一次性垃圾：尚有未打包完的廚餘、紅白酒殘餘的玻璃瓶、軟木塞、酒瓶封口鋁箔各二十四個、寄送酒類紙箱一只。

實際花費：餐費以人頭計價（每人約一千多元）、餐酒費。

餐具與小手帕

整場婚禮當中孩童總共有十位，我們請外燴公司準備了十套摔不破的餐具與杯子，除此之外，所有的餐具都是可重複使用的白瓷盤和透明玻璃杯，兼顧環保與質感。為了讓賓客能夠高品質的享用餐酒，我們另外租用了足夠的高腳杯，也讓少了塑膠杯的現場不會出現杯子不夠用的問題。除了一次性餐具之外，我們觀察到一般婚宴最可能出現的廢棄物就是衛生紙，所以事先用剩布車製成小手帕，開飯前作為酒杯內的口布，用餐時更可勝任擦嘴巾或杯墊等，晚宴結束後讓喜歡的人帶回去自用，遺留在桌面上的我們則回收，現在變成我們家裡的小手帕。

實際產生的一次性垃圾：衛生紙很多張與（賓客自備的）濕紙巾數張。
實際花費：酒杯租借費（一人二十五元）、小手帕（零元）。

婚禮主持人

既然我們婚禮賓客主要是由親人組成，那麼我們應該呈現什麼內容給他們看呢？對於我們的經歷、工作、個性，大家都非常熟悉，不需要再多加介紹，他們想知道的，應該是那些平常看不到的（黑）歷史，還有和朋友們一起回憶曾經歷的趣事、糗事等等。那這些事情誰最清楚呢？相信臨時聘請的婚禮顧問不會比我們兩位還要更清楚，親友們難得齊聚一堂，如果談話中穿插太多制式的介紹詞、吉祥話，容易稀釋掉大家的專注力，我們希望賓客把時間都留在與新人的交流上，所以我們只有前面的證婚儀式請兩位好友幫忙主持（由太太事先寫好逐字稿傳給他們，當天他們提早來彩排加自由發揮），誓詞交換結束之後，主持棒就由我和太太親自掌持，一方面可以「強迫」大家只能聽我們的聲音，一方面也可以按照自己覺得舒服的節奏，吃飽了想說什麼再拿起麥克風向大家說。

實際產生的一次性垃圾：晚宴過程中更換無線麥克風的電池一枚。
實際花費：零元（電池更換算在場地費用內）。

婚禮節目

我們的流程大致上包含了幾個主軸：證婚儀式、晚宴、餐後舞會。證婚儀式為新人互相交換誓詞，我們將誓詞內容儲存在手機當中，方便修改也減少用紙，但外面用筆記本書皮擋著裝飾，直到婚禮前我們都誓死保密內容，就為了看到對方最真實的反應。晚宴的座位採用兩排長桌的設計，讓每位嘉賓都可以直接看到新人，並安排兩個小時多的用餐時間，讓大家可以慢慢享用自助餐、甜點、餐酒等佳餚。晚宴當中我們邀請五位親友起身分享，關於我們的認識過程、與曾發生的趣事，我們希望大家把目光留在身邊的家人和我們的臉上，所以不使用投影機。背景播放法式酒館音樂，營造輕鬆且浪漫的氣氛，讓家人可以用不同的角度重新認識我們，也讓我們可以認真聽聽大家對我們的想法與期許，雖然沒有常聽到的四字吉祥話，但這些真正的祝福我們都收到心坎裡。用餐結束後，我們選了兩支快歌、三首慢歌，快歌邀請朋友們到廣場上跟我們帶動跳，藉機重溫我們當初一起帶營隊小隊員唱跳的回憶；慢歌則請親友們移駕到草地上，在星光下共舞，我們從未和家人一起跳過舞，不曾感受過那種赤裸的真情流露，直到這場婚禮我才明白，當每個人都卸下對婚禮「一定要怎樣怎樣」的執著時，就算只是在草地上和老媽牽著手晃來晃去，竟然如此開心自在。

實際產生的一次性垃圾：手寫帶動跳題目的回收廢紙兩張。

音樂

我們平時就會用線上音樂串流平台來聽音樂，但之前一直是用免費版，為了婚禮當中不要跳出嘈雜的廣告聲，我們在婚禮前成為平台的會員，將婚禮過程依照下午茶、進場、誓詞分享、晚餐、快舞、慢舞等分類選好歌曲依序播放，不僅省錢，也能確保自己喜歡的音樂能在婚禮上播放。

實際產生的一次性垃圾：訂閱平台收到的電子收據一封。
實際花費：平台訂閱費用（一四九元／月）

在最後草地慢舞時，我們兩個隨著音樂搖擺，相視而笑。我們知道，婚禮要完全不製造垃圾是不可能的，但在思索如何減少浪費的過程中，我們找到兩人內心真正的渴望，而每到迷惘時，我們就回去思考舉辦婚禮的初衷，讓這樁喜事得以保有他的本質。整場婚禮籌備過程雖看似繁瑣，但當我們實際上要的不多時，執行起來並不會太困難，我們很清楚做每一步的目的是什麼，哪一個角落有著什麼驚喜。如果你也喜歡這樣的婚禮，或者也想減少婚禮所產生的浪費，請不要拘泥於任何形式，重點不是在戶外、不是外燴、不是訂購無農藥的橘子，而是可以藉著這個機會，回到當初相愛最真誠的理由，慢慢找出一個最符合您們價值觀的方式，把內心和實體的垃圾放下，用愛完成。

婚禮當天最後產生的垃圾

不製造垃圾的婚禮邀請函

我們在婚禮兩個月後發佈了婚禮紀實文章，收到超乎預期的關注，網站在短短一週內獲得了二十萬的點閱率，我和阿選仍不敢置信這樣的事情竟然發生了！不瞞大家說，由於我們雙方都是第一次結婚，兩隻菜鳥豁然地抱持著「先試試看再說」，如果婚禮真的能照計畫成功減少垃圾那就來個相擁歡呼，但倘若出現什麼意外也沒關係，摸摸鼻子下次再接再厲。

這一篇分享的是我們的邀請函，其實沒有什麼複雜的步驟，大概就像這樣：

1. 打開 Microsoft PowerPoint。
2. 開始撰寫、編排你的邀請函內容。
3. PowerPoint 編輯完後輸出成 PDF 檔，再分送到各個線上對話群組。

在此之前，我參考了不少 Pinterest 上的邀請函設計，然後用繪圖軟體自己模仿畫畫看。十分推薦籌畫婚禮運用 Pinterest 這個網站，因為有內建的剪貼簿功能，可以按照婚禮佈置、邀請函、婚紗……等等分門別類，一邊享受視覺的薰陶一邊找尋自己喜歡的樣式。

我們的邀請函封面

我沒有什麼視覺設計背景，充其量只是個喜歡畫畫的人，真的要說起來也只不過是做過很多簡報罷了，所以關於邀請函需不需要請人設計，我抱持著開放態度，請設計師一定會有比自己畫來的更專業精緻的效果，但我只是私心想要享受這樣的過程，所以就開心地把這件工作承包下來。

我用的繪圖板是網購的二手板（Wacom CTL-480），電繪軟體是 PainTool SAI。

我們的邀請函就像是一封小冊子，有封面、封底加上三頁的內容。

傳統的紙本邀請函字數力求精簡，倘若因為有接駁服務或其他事項需要說明，需要多一些篇幅來交代時，電子邀請函的自由度就顯得大多了！無論是利用 Google 表單、架設一個婚禮網站、建立幾個賓客群組都是很好的嘗試，希望這篇文章能提供大家另外一種報喜的想法，條條大路通羅馬，適合你的方式就是最好的方式囉！

邀請函完整版可以掃 QR 碼觀看

不造成地球負擔的伴手禮

以往我們對婚禮小物的印象不外乎是一個囍盒包起來的糖果或是巧克力，也有小束口袋包著的手工皂，再者也有拿過木筷子或餐具。因此，我們也從環保餐具、不鏽鋼吸管、環保袋……等等和「環保」相關的選項開始發想，並假裝自己是賓客，揣摩拿在手上會是什麼感覺。

阿選：「我覺得大家根本不會需要這些耶！」

阿尚：「對耶，如果不會拿起來用的話，送他再多家私都還是不會用吧？」

阿選：「那我們至少要送一個就算丟掉也不會造成地球負擔的東西。」

在我們和公公請益後，公公說那不然送在地水果啦！（感謝公公開導，的確在當時啟發了我們對於送水果的想像）。

秉持著「不要因為小小婚禮而產生太多新需求」的原則，我們兩個思考了很久什麼會是對賓客和土地最沒負擔的東西。直到在一次演講中認識了青農俊瑋，他一頭濃髮加上絡腮鬍坐在最前面，是個遇到疑惑馬上舉手發問的問題學生，欸不是啦是好學！俊瑋回鄉接管了阿公的橘子園，在眾人不看好下，用不灑農藥、不剪枝、不除草的方式種橘子，三年過去了，橘子真的長出來了，雖然外表沒那麼好看，但是裡頭真的又香又甜！

他的果園位在新社，正巧我們的場地也在新社，所以我們二話不多說地跟隨宇宙的暗示，下訂單啦！我們也詢問他對於包裝有沒有什麼建議，他秀了幾張擺攤的圖，攤位上頭是一棵樹，樹上掛著一串串用麻繩網袋裝的金黃橘子，好看極了！於是我們的伴手禮及外包裝便這麼拍板定案了。

但光是選擇麻繩也讓我思考很久，跑了兩個地方，站在一排麻繩前面搔頭：「到底是材料行賣的高級且沒有塑膠包裝的（一捲一百八十元），還是文具店賣的廉價但有塑膠包裝的（一捲五十元）呢？」換作是你，你會怎麼做選擇呢？

我後來選擇包裝較少的那個，雖然價格貴，但是質地非常扎實，不易脫線，第一次買了一捲，回去先試做看看，做完前幾個後訂出一個公版，第一捲麻繩用完再去追加兩捲。最後剛剛好三捲做完近四十個麻繩網袋。做法我是參考網路上的教學，自己再稍微改良，比較省麻繩的用量。

東西要好，才能增加重複使用的機會

整個十月，婆婆住院時我就坐在床邊一邊編一邊和她說話。她也給了我們很多不同的觀點，例如一開始我試做的三四個網袋，給她看，她都說這個不行，問她哪裡不行，她說把手太長啦、網格太寬啦、繩子太細啦，好不容易做完後婆婆說：「既然要做就要做好看點，做得不夠慎重，他們帶回去就丟了，做得好一些才能增加他們重複使用的機會啊！否則不就白費力氣了？」原來這是婆婆不假雕琢的貼心。

婚禮當天，俊瑋的橘子比我們還早到婚禮現場。我的大學好友則幫著阿選一起將橘子裝進網袋裡，然後再掛到一旁的花架和鐵絲網牆上。因為賓客少，伴手禮相對要準備的分量也少，花的時間和力氣也少很多！

晚宴的時候我們也邀請了俊瑋來一起吃飯，並請他順道介紹他的橘子。由於他天生自帶喜感和聚光燈，賓客全都聽得津津有味、笑聲不斷，所以感覺好像同時請了職人又兼通告藝人的感覺，真是賺到！

這場婚禮我們自己動手最多的部分之一就屬麻繩網袋了，這是我和阿選花了兩個月左右的時間，在空檔中一點一點分工合作完成的作品，用麻繩的原因也很簡單，就算橘子吃完，賓客不想要了，那也是可以回歸大地可被分解的材質，但是如果你拿去裝飲料杯、買水果也超級好看啦！

我們的婚禮沒有收禮金，因為宴請的都是最親近的家人和少數朋友。而我們兩個在籌備過程中一直提醒彼此：「都是最親近的人，我們做什麼他們一定會體諒我們的吧？」所以也少了許多綁手綁腳、怕得罪長輩或惹誰不開心的感覺，反倒一路都能堅定執行兩人最初訂定的風格。至於送幾顆橘子會不會難登大雅之堂？我倒是完全沒這麼想過，因為我們花在上面的心思真的很多，而且在戶外婚禮的陽光草地氛圍下，橘子還真的是非常應景呢！

我們想提供的就是一個「來請你吃吃看無毒橘子」的體驗（順道把種植者請來跟你解說呢！），但同時也不會造成你負擔、回家也不用擔心要處理垃圾。如果你也在找零廢棄風格的婚禮伴手禮，我的建議就是：

- 先考慮看看可不可能刪掉？（相不相信其實不會有人很在意？）
- 禮物本身盡量尋找可分解、可消化、可用光、在地的選項（水果、食物、手工皂、植物、絲瓜絡……或是電子票券？）
- 如果能無包裝又兼顧美觀就是上上之選，若不行則盡可能在包裝材質上選擇可堆肥分解（例如：月桃葉、竹葉、麻繩、竹筒、稻草、木材）或能重複使用且能夠回收的材質（例如：玻璃、金屬、棉麻紗布、紙類）。

另外考慮預算的話，我真心建議好好縮減你的賓客人數。人一少之後，所有需要以人頭計算的費用都會瞬間少上許多，而這樣也才能讓新人自己能好好與每一個人說上至少一句話不是嗎？請好好把時間和花費留給最重視的人吧！

準備這份伴手禮所製造的垃圾：買麻繩的紙捲和紙軸、果皮（可分解）。

一份給婚禮團隊的問卷——

就在婚禮結束後，我列出了幾個問題，分別詢問婚禮的幕後團隊願不願意給我們一些回饋。十分感謝這些忙碌的團隊仍願意撥冗回答，希望能讓我們拋磚引玉，給予同樣想要舉辦綠色婚禮的新人一些信心！

1. 請問您一開始對於新人要求「減少垃圾、避免一次性用品」的感覺是什麼？

- 場地：其實我是到了婚禮前的三個禮拜才知道新人想辦一場沒有垃圾的婚禮，心裡想說：「什麼！不是吧！婚禮通常是最會製造垃圾的 XD」雖然心裡默默地想該怎麼辦才好，但是還是笑笑地跟他們說：「Wow 這想法也太棒了吧！我會努力想辦法一起達成目標的！」然後結束談話之後腦袋空白了五分鐘後才開始運轉，思考可以用什麼用品來替代那些可能製造的垃圾。

- 佈置：在這之前沒有被新人要求過！我們婚禮佈置除了花材外，原本就有使用公版和道具陳列，其實也一直想要減少多餘的垃圾，取而代之用佈置的巧思和新人的想法來呈現不同的風格，所以被這樣要求的時候其實沒有很大的感覺，因為原本就這樣做了！
- 外燴：確實是從來沒有人這樣要求過，不過聽到的第一個想法是現在很少有如此環保概念的人了，好特別，對我們來說也是另一種新的嘗試挑戰。
- 新娘秘書：覺得很有趣，是一個新挑戰。我本來就知道新人有在做這件事所以完全不意外！新娘本來就會給造型師很多各式各樣要求，但減少垃圾真的第一次遇到！

2. 以您專業角度來看，「沒垃圾的婚禮」與一般婚禮相比，有什麼差別？

2-1 對您的團隊來說有什麼優點？（例：垃圾變少、收拾場地變快、沒用到一次性打包餐具、成本變低）

2-2 或造成什麼困擾？（例：不夠氣派、有損賓主盡歡程度、準備上較麻煩、尋找替代／環保物品很耗時）

- 場地：對於婚禮進行中重要的條件中，真的沒有影響。大家認為好的婚禮必要條件是什麼？對我來說，新人只要能夠好好的接受賓客們給予的祝福，還有什麼比這個更重要的？

2-1 我們不用提供那些我們設想賓客會用到的消耗物品（也就是賓客「覺得本來就應該要提供」的東西），例如量最可怕的衛生紙還有一次性的打包餐具與塑膠袋。整個場地也沒有因為桌上或地上的垃圾變得髒亂，用餐環境到最後都可以保持得很清爽，當然我們收拾場地的速度也加快許多，工作人員的工作心情都會是很舒服的！

2-2 困擾其實都是圍繞在賓客上，只要新人對賓客有足夠的溝通，所有廠商再費一點心思來減少一次性用品，此外都不會對婚禮造成困擾。說來說去其實最辛苦的是新人，只要他們願意，什麼困難都可以迎刃而解！

- 佈置：大致上覺得還好，佈置呈現本來就有很多的替代方案，雖然有些必需要使用到一次性的物品，但能夠減少就會盡量減少。那因為新人主動要求要「沒有垃圾的婚禮」，我想用替代方案來呈現，新人的接受度通常都很高。
- 外燴：在收拾餐桌及場地上確實是快速許多，**垃圾量比起以往的其他場婚宴，少了四分之三的量**。賓客自己攜帶打包餐具，看他們用自己帶來的容器盛裝，自在許多，以往打包的賓客有的不好意思拿太多打包盒，對於我們的成本上，例如打包盒袋、衛生紙、濕紙巾、免洗餐具等，確實節省許多又環保。

- 新娘秘書：一般婚禮我常看到婚禮小物、探房禮送不完，心意變成浪費。這次從我這端製造出來的垃圾變少，感覺好像對地球做了件很棒的事情，也覺得自己很棒！平時工作因為講求快速，又要顧及新娘感受，我不可能從頭到尾都用同一張紙巾擦手，所以可能會用到五六張濕紙巾、衛生紙大概也是五六張，再加上棉花棒數隻。**但這次大概就用了一張衛生紙加一支棉花棒這樣。**困擾倒還好，其實如果新人能接受的話，對我來說完全不困擾啊！

3. 您未來是否願意接受更多有「環保需求」的客戶？有什麼善意提醒嗎？

- 場地：當然願意！還好有這次的完美經驗（託尚潔與翰選的福），可以將可能遇到的狀況事先跟新人說明，也可以提供可取代的方案。
- 佈置：願意，其實愛地球本來就是大家的責任，如果大家都有這個想法我們也很樂意配合。
- 外燴：當然非常願意，但是**前提是一定要與家人親友們有共識，如果只有單方面的宣**

導，賓客們在喜宴上無法盡興與配合，對於我們提供餐點的廠商也很為難（若賓客覺得桌上應擺放衛生紙、濕紙巾或找不到垃圾桶之類的，都會造成賓客的不開心）。

- 新娘秘書：當然願意！但前提是新人要與家人有共識，要能夠堅定立場，因為準備婚禮過程會受到太多親友意見干擾。另外事前找好參考資料，新人跟造型師互相有共識，才能互相配合。畢竟造型師還是有時間壓力，如果準備（代替一次性用品的準備）不周全，加上現場太多意外狀況，是有可能造成時間流程上的延遲。

場地：漫漫莊園　　婚禮佈置：小戶人家
婚禮外燴：富凱外燴　　新娘秘書：Arting 話化妝

一只皮箱的蜜月旅行

我們很早就計劃著蜜月要去北歐，預計總共十五天的行程，沿途停留赫爾辛基、奧魯、北極圈的羅瓦涅米、伊納里，以及瑞典的斯德哥爾摩。選擇芬蘭為主要目的地其實是因為要拜訪好朋友 Minna，我和她是幾年前因為暑期醫學生交換計畫在希臘結織的。也是因為她，我才對這個北到不行的國度產生了很多的憧憬。

自從開始練習「用體驗取代物質」的生活方式後，旅行的宗旨也隨之簡化。漸漸地我們去到外地時，會用幾個問題問自己：這個行程會不會製造不必要的垃圾？這會是個體驗嗎？還是單純滿足物質慾望的行程？

只要我們獲得了「應該會是個體驗大於物質的行程吧？」這樣的結論，我們就越有可能將它納入行程規劃當中。至於為什麼要這麼做，難得的出國完全不買東西嗎？旅行中我當然還是有買一些異地出產的手信，但以「給婆婆大人の伴手禮」、「有需求」以及「塞得進行李」為三大方針來執行。因為我們都沒有買托運行李，各只有一個小型登機箱和背包，所以買太多東西根本裝不下啊！

以下是我們的打包內容，有趣的是即使東西已經很少了，竟然還是出現了整趟旅程都沒用到或穿到的東西：一本小說、毛長裙、襯衫、褲襪、發熱褲（是的北極圈沒有我想像的冷）。

我的手提行李

貼身衣物：四件內褲、內衣（穿一件帶兩件）、泳衣一套

上衣：一件短袖、二件發熱衣、一件長袖上衣、一件洋裝（吃米其林用）、一件襯衫（沒穿到）

下身：一件七分褲（穿身上）、一件牛仔褲、一件運動褲（當睡褲）、一件毛長裙（沒穿到）

保暖：一件羽絨背心、一件厚外套（佔三分之一空間）、一件牛仔夾克（穿身上）、手套、毛帽、圍巾、襪子四雙、褲襪（沒穿到）、發熱褲（沒穿到）

鞋子：一雙球鞋、一雙靴子

美妝：化妝包、離子夾、肥皂、隱形眼鏡

其他：小毛巾、畢業領巾、感冒腸胃藥、三本書

他的手提行李

貼身衣物：三件內褲、兩件吊嘎、二件 T-shirt、泳褲泳鏡

上衣：兩件大學衫、一件襯衫（吃米其林）、一件發熱衣、一件長袖衫

下身：棉質休閒西裝褲一件（穿身上）、運動長褲一件、球褲一件
保暖：一件羽絨背心、羽絨外套（穿身上）、襪子四雙、毛帽、手套
盥洗：牙膏、兩人牙刷、電動刮鬍刀
食品：兩塊龍鳳大餅（伴手禮）、兩包茶葉（伴手禮）、一盒咖哩塊、三包泡麵
（這是今年我們第一次買這麼多塑膠包裝的食品，放到購物籃時兩人充滿很複雜的感覺）
其他：充電器、轉接插頭、單眼相機、鏡頭、筆記型電腦、一本書

我的隨身背包

護照、手機、錢包、筆袋、手帕、保鮮盒、筆記本、餐具、保溫瓶、Keepcup、杯子、麻繩網袋、農產品網袋、便當袋、環保袋一個

他的隨身背包

手機、手帕、護照、錢包、較大保鮮盒、相機、日文講義、兩顆行動電源
Keepcup、餐具、環保袋一個。

打包輕便有什麼好處？

打包輕便除了不能買太多東西外，真的好處多多！其實仔細想想不能買太多，不但省了荷包，家裡未來的垃圾也變少了，其實也是好處呀！

首先就是大大省時——各地機場很多都有自助登機，當你不需排隊托運行李時，你只要帶著護照去自助機台掃一下，不到三分鐘，登機證便印出來，然後就可以越過人龍優雅過海關啦！而著陸後，也只要把行李從座椅上搬下來，咻——一推就直接入境，什麼領行李？什麼轉盤？當其他人苦等行李不著時，你可能已經踏出機場坐上往市區的巴士了！

第二點就是省錢——省下托運行李的錢或是寄放行李的錢。以廉價航空 HKExpress 來說，二十公斤托運行李是台幣一千元。挪威航空（北歐的廉航）倒是可以看你的票種來決定托運行李的費用，那次我們從北極圈飛回赫爾辛基時，就被地勤說服去拿去託運（因為免費），但是回到赫爾辛基卻為了領行李而比預計晚了四十分鐘才進市中心；另外，很多時候轉機可能會想進入市區逛逛，此時拖著行李絕對不是好辦法，自然需要寄放行李的服務，有些是寄存櫃或人工櫃台，無論是何者，小件行李總是比大行李來得省錢。另一方面，因為行李箱小，所以塞不下太多紀念品，自然不會隨便出手包包、鞋子、衣服等佔空間的東西，而錢，就是這麼省下來了的！

如果你問我省下來的錢到底要做什麼？出去玩不是就該花錢嗎？這點我同意，只是我會傾向將購物的錢省下來花在體驗、住宿、飲食上。所以購物已經不再是我旅遊的首要目的，出國一樣秉持平時的原則，有需要再買。

第三點就是顯而易見的：省空間。省住處的空間、省後車廂的空間、省電梯的空間。歐洲公寓的電梯都很小台，行李太大可能還要輪流上樓，在大眾運輸上也不會顯得那麼狼狽，尤其公車這種擁擠的空間裡，我們的行李箱都還能塞到座位下面，兩人還併排坐得下。

這次的北歐行，一路上接受了許許多多陌生人、住宿主人、好朋友用驚嘆語氣說：

「哇嗚，你們東西也太少了！」

「你們就帶這樣來歐洲？」經過的陌生人搭訕說。

「大部分人來極圈都會帶很巨大的行李箱，尤其是遠從亞洲來的朋友。」馴鹿農場的主人 Tuula 說。

「我實在無法想像你們到底怎麼將兩個禮拜要用的東西全塞進去！」在赫爾辛基把家借我們住的時尚編輯 Noora 驚呼。

我們也曾想過要不就背個登山包包，畢竟我們兩個都嚮往過那種歐美青年壯遊的形象。只是回到主題，這次旅行是蜜月，還是讓自己舒服一點不要背太重了，也因為家裡現有登機箱所以就拿來用，背包可能還要另外買或租借。

這是我們第一次嘗試用這樣的方法旅行，但這也許不是最好的方法，也不是每個人都會願意做的嘗試，但沒有關係，旅行的方式本來就有千百種，無論是奢華的或是苦行僧式的，想必都能有各自的體會和快樂！在適度的簡化下，會帶來許多意想不到的好處和收穫呢！至於蜜月好玩嗎？就讓阿選接棒說給你聽！

蜜月旅行的意料之外——

人類是一種很特別的生物，和其他動物之間有幾個不同之處，像是可以純為了娛樂而性愛，剝奪然後探討其他動物的生存議題，還有居然可以不為了領域或食物，大老遠去旅行。

我和老婆打從骨子裡就是兩種人。我喜歡把時間填滿，假日的早上最好能和家人一起吃個早餐（注意，不是早午餐）、看個書、補足一下週間遺漏的工作，接著上市場買個菜，久違地做個午飯，下午可以一起去運動的話就太棒了，晚上當然是要和老婆窩在沙發上看影片直到半夜。結婚之後，我才知道有種休閒活動叫睡午覺，現在回想以前一起出遊的時光，八成都苦了她了，我可以用「好不容易到這裡，我們當然、應該、必須要做……」這個句型造一千種例句，完全無視自已身體發出的警訊。

「先生不好意思，我不需要這個塑膠袋，請你留給需要的人。」

「小姐我知道你們的飲料很好喝，但是我現在肚子很飽，暫時不想試喝，謝謝。」

零廢棄生活教我，不需要付出代價就可以取得的東西，可能要整個社會用更多的能量去清運、掩埋、分解，並不是真的免費，既然我都可以這麼理性地拒絕大部分的實體垃圾，那麼，放下那些會吃掉時間、體力、興致的虛擬負擔，應該更簡單不是嗎？

「我想去這裡，這裡好像很靠北很酷。」去蜜月之前，我指著芬蘭地圖的北邊和老婆討論。接著老婆在伊納里（Inari, Finn）看上了一間民宿，說明欄提到他們有豢養十幾頭馴鹿，可以教授這種不會生存在熱帶島嶼的神祕生物相關的知識。

「住在這裡我們晚上可以幹嘛？」

「我們就不能就待在民宿裡面好好休息嗎？」老婆斜眼問道。

「當……當然可以，我也正想這麼做。」正解です。

帶著挑戰一卡登機箱遊北歐的不安，我們來到北極圈內。由於抵達民宿時，已經沒有力氣自己準備晚餐，我們第一頓飯就使用了訂房附贈的「一次免費晚餐」。晚飯前，我們幫忙削馬鈴薯，簡單地介紹彼此、認識地理環境，接著在五月的永晝日光下和老闆娘 Tuula、老闆 Matti 一起共進奶油魚湯。Tuula 告訴我們這些魚是下午 Matti 剛剛從冰湖上釣起來的，怕我們吃不慣芬蘭的黑麥麵包，還特別準備了較順口的白麵包配著吃，也請我們喝她最愛的優酪乳。

「所以，剛剛的魚湯和配餐麵包就是我們的晚餐嗎？」回到房間我有點意猶未盡。

「對啊，你不覺得很棒嗎？」老婆顯然吃得很高興。

從小我們就習慣桌菜必須要有（人數 n*1.25+1 湯）的分量，例如兩個人就要有三菜一湯、四個人就要有五菜一湯，一旦桌上的菜盤數少於人數，好像就很難用豐盛來形容這頓飯。其實我有吃飽，只是沒有吃撐，但即使到了睡前，我也沒有感到肚子餓。

芬蘭人相當知足。今天有新鮮的魚，那我們就好好地吃魚，不需要再找配角來讓餐桌感到富有。

我們因 Tuula 的好人緣，向十公里外的「隔壁」鄰居 Seppo 租了一輛老美女（一輛十九歲的 Volvo），有了行動能力之後，我們便大力邀請 Tuula 和 Matti 隔天晚上不要開伙，讓我們來準備晚餐。出國前因為害怕吃不慣國外食物、又想展現國民外交，天才如我想到了一個好方法：自備咖哩塊。佛蒙特是在臺灣家諭戶曉的咖哩品牌，體積小、包裝輕便（畢竟我們只有一個登機箱），煮咖哩會用到的配料，也很容易在歐美的超市找到。於是第二天下午，我們花了大概一個多鐘頭準備咖哩、燙青菜，悶了溏心蛋和白米飯，企圖重現熟悉的味道。

「味道很強烈、很特別，這個我們過去沒有吃過，但是我想我會想念這個味道。」Tuula 吃完第一口給我們的回饋。

「我們喜歡吃有點肥肉的豬肉，雖然口感不是每個人都喜歡，對身體也不是非常好，但如果不排斥的話可以試試看。」老婆加註。

「我們每天都在動，不需要擔心。」Tuula 大笑說。

我們是真的沒有事先查在伊納里該玩哪些地方，Tuula 注意到我們雖然遠從亞洲來，卻只帶著小小的登機箱，我們告訴她，我們把東西都留在臺灣了，我們想在你的農場裡找一些特殊的拉普蘭體驗。

接著幾天，我們跟著 Matti 去冰湖上釣魚、看他們如何用鈴鐺和食物呼喚產期將至的馴鹿媽媽白雪公主（Snow White）、開著車到鎮上超市和遊客中心探險、連兩天去走 Tuula 最喜歡的一條步道，其中兩個晚上 Tuula 有生火準備桑拿房，他們在充滿木頭香氣的桑拿裡面待多久，輪到我們時，也就跟著待多久。我們向 Tuula 借了越野滑雪（Cross-country Ski）的用具，在馴鹿圍欄內練習，學會了之後才到冰湖上試滑，並隨著 Tuula 去採莓果。

「你們真的滑了很久。」抬頭一看，原來已經深夜了，在這裡太陽變成夕陽一個多小時之後，又會變回大白天。越野滑雪對我們來說是種全新的運動，所以想要好好玩一玩，也想珍惜 Matti 為我們花了不少時間做出來的初級者練習雪道。

每天上午我們會從 Tuula 的提議中挑選一個地方或一件事情去做，回到家後就大力和他們分享我們的心得，接著就會像遊戲中碰到 NPC 一樣，獲得新的支線任務。整趟旅程並不像我原本擔心的那樣無趣，跟著當地人一起生活、感受文化差異，沒有預定目標，所以一切都超乎想像。

在伊納里短暫待了四天三夜，和 Tuula、Matti 的相處，變得像家人一樣輕鬆，臨走之前 Tuula 請我們留步，端出了芬蘭人聖誕節必吃的莓果派，並囑咐我們吃不完可以帶在路上吃，接著突然陷入一片沈默，可能是因為我們看起來不會待到聖誕節。

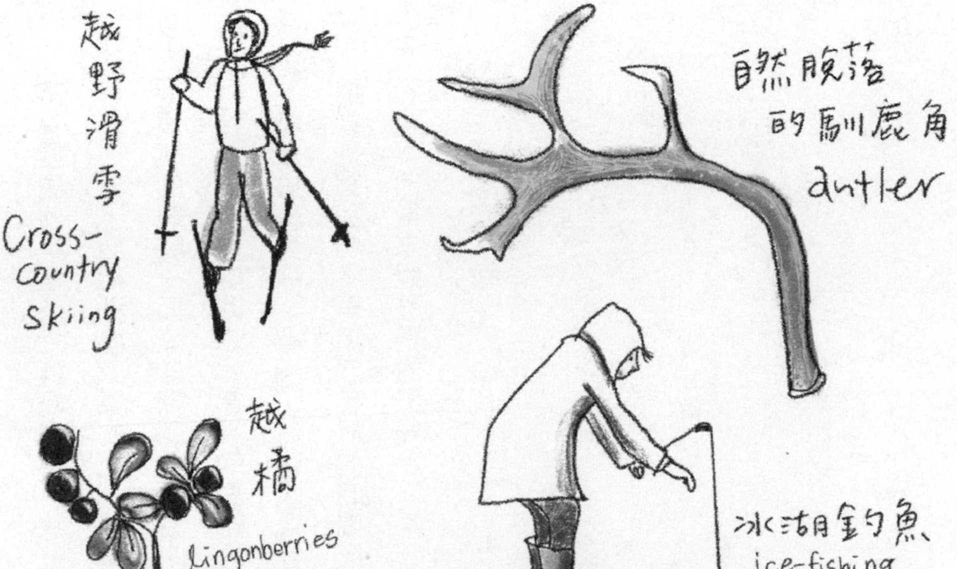

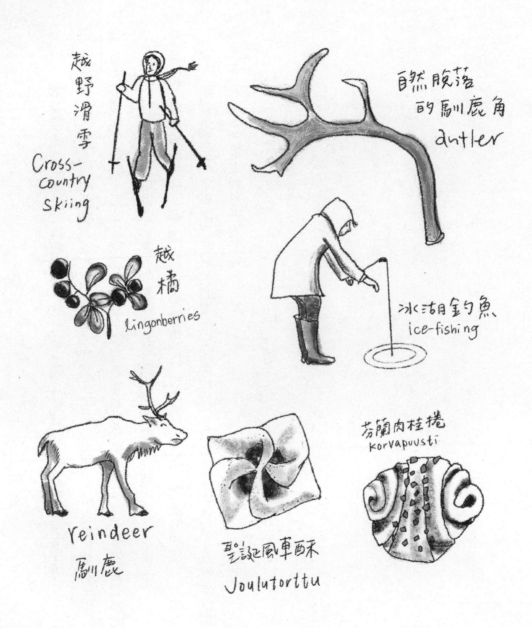

零廢棄蜜月旅行的美好回憶

當我們聽到「意外」這兩個字，總是會感到有點擔心，但其實這個字並沒有包含負面的意思。拋下必玩必吃必買的壓力之後，我們多了時間去與當地人互動，多了更多機會去迎接新的體驗，而這些深刻的經驗，事隔幾年的今天仍歷歷在目，我不需要翻開照片或行程表，就可以回想起當天的對話內容，因為他們發生在我的意料之外。

零廢棄旅行表面上是減少行李的體積、行程的豐富程度，開始時的確有點難以接受，但其實當我們不再填滿自己的時間、空間去旅行，取而代之的是原本就在當地每天上演的，我們從未經歷過的美好。

CHAPTER —— 4

沒有垃圾的居家生產

告別母親

我的婆婆是個標準的刀子口豆腐心代表，我和阿選之所以搬回台中，最大的因素是希望能就近陪伴她，在我們結婚前兩年，她因為不明原因出血而一度昏倒送醫，經過檢查後發現是婦科的惡性腫瘤。當時阿選仍在北部接受住院醫師訓練，三天兩頭值班，回台中老家總是來如電去如風。無奈在工作崗位上多麼拼命照顧別人的父母，卻連出現看一眼自己的母親都抽不得空，那也是讓我們開始明瞭工作與生活失調的轉捩點。

說起與婆婆的初次相識，至今回想起來仍然會不禁打個哆嗦。雖不至於像是恐怖片情節，但說是警匪片也不為過。因為阿選從小家管嚴，把家母說婚前不准帶女生回家的規定奉為圭臬，因此我們第一次回台中時，他就先帶我回嬸嬸家借宿一宿，沒料到後來這件事被傳到婆婆耳裡，變成：「你帶女生回台中不想給我看，所以竟然帶去住嬸嬸家，是有多怕我？」然後被數落了一頓，並且落了一句狠話：「這個女生我的印象分數已經到底了！」過了很久之後，我才明白原來「在盛怒之下拋出駭世名言」是婆婆習慣的表達方式之一，用詞多驚駭就代表她有多在意。阿選也只能摸摸鼻子無奈地對我說：「看吧！我真的就是這麼怕她。」

所以循續著阿選的畏母情節，婚前我一想到要叫婆婆一聲媽，便緊張得像隻蒼蠅摩挲著腳。而初次見面打了招呼後，大概是因為先前印象分數真的太低，婆婆也真沒給什麼好臉色看。然而自從我翻譯了《我家沒垃圾》後，我的媳婦分數就大幅上升，她前後大約訂購了一百本書，並要我逐本簽名。婆婆也是一名中醫師，她的候診區桌上就只放兩本書，不是別的書，正是兩本《我家沒垃圾》。婆婆好強與不輕易認輸的個性，她用自身醫術緩解不適，不願屈服於自己的病，因此在病情復發前從沒流露絲毫羸弱樣子給我們看過。她是個熱衷學習的中醫師，累積了滿屋的中醫藏書（她同一本書會買三本——她自己的、給阿選的、給我的），儘管執業多年，她對於學習仍是孜孜矻矻，時常半夜挑燈聽線上課程，做的筆記更是以櫃為單位計算的。

在我大八時，阿選找到了台中的工作，也辭去了原本北部醫院的職位，而我一畢業就來到了台中與他同居，也更有計畫地開始了零廢棄生活。我們租屋處就在離婆婆診所的三條街外，有時候她會打電話要我們去拿青菜或是滷豆干，我們便會帶著保鮮盒和提袋去裝，一開始她對於我們把菜從她的塑膠袋裡拿出來，再裝進我們的容器裡這件事很不以為然，也曾經拋下一句：「你們不要太走火入魔！」這樣的評論，但後來大概也習以為常，有時候直接叫我們把她滷的整鍋菜提回去，鍋子洗乾淨再還回。

就在我們婚禮前夕，婆婆因為腫瘤復發又進了一次醫院，主治醫師說這可能是最後一次開刀了，下一次若復發恐怕不是開刀可以處理得了的。那時候阿選正巧輪訓婦產科，便以第一助手身分跟著進去開刀，目睹了腫瘤侵蝕密布母親的腹腔，我沒辦法想見他在刀房裏頭那九個小時經歷的景象，我只知道那天出刀房後，他陪著母親轉送加護病房，那是我第一次覺得自己的伴侶無助得像隻幼獸，阿選的身子被手術室綠衣包裹形塑得好瘦。猶記入院前一晚，正逢中秋節，那晚我們邀請婆婆在住院前來我們家吃頓好的，但婆婆大概已經耐著不舒服的身子多時，沒什麼食慾，一點也不想參與我們的驚喜晚餐。結果晚餐時間我們等不到人，大伯一通電話告訴我們媽媽正發飆中，晚餐看樣吃不成了，我和阿選丈二金剛提著鍋子和打包的菜餚到診所，一進去她怒焰更盛，指著我和阿選撇下可怕的話：「我住院的時候不需要媳婦來照顧！婚禮我也不去了！」那時候我覺得莫名無辜，無以名狀的委屈也只能換成眼淚撲簌簌流下。一直到很後來我才理清脈絡進而釋懷——這些話語必定是源自身體極度不適與內心的焦慮吧！

被怒轟隔天便是住院日，我們只能暫且放下前晚的衝突，將重心全力放在母親身上。在住院期間，阿選白天雖然在醫院，但還有手邊的工作，而大伯負責晚上來過夜，所以那三個禮拜由我負責帶中餐去與婆婆共度下午。一開始在病房裡就我們婆媳倆乾瞪眼，我一度打電話回娘家跟我媽抱怨這一切，我媽竟然說：「妳就要趁這個時候好好關懷婆婆，多和她聊天啊！」

「可以不要嗎？」我說，我覺得自己才剛嫁過去就要承擔這些好無辜。

但後來我只能照我媽的話，努力在每一天擠出一些話題，比如說聊聊婚禮準備的進度，告訴她我們打算簡單辦理，沒有傳統禮俗只要好好吃飯就行。而這好像也讓婆婆鬆了一大口氣，因為身為一個大小事總習慣準備得萬全的她，不知道從何時早就在擔心兒子娶一個台南女兒不曉得要買幾兩黃金還是包幾份聘禮。

另外，為了緩和尷尬氣氛，我就趁陪病時編婚禮伴手禮要用的麻繩網袋，一方面也編給婆婆看，讓她負責出主意指導我。她沒花多久就比我還投入，坐在病床上指導繩結間距要多寬，一開始說編太寬：「太寬就太難看了！賓客拿了就會丟掉！」我玻璃心碎一地。「要編就編好看點，結距窄點看起來比較精緻！你總不想你編那麼久結果被扔掉吧？」於是我又試編了幾個「精緻窄」的，結果一個編了一個半小時，我的繩結教練又說話了：「編漂亮要編這麼久？你四十個是要編到何時？太浪費時間了吧？」我腦中的轉譯器漸漸辨識出這是她的體貼。

有時編著編著，她會靜靜睡著，我會停下手邊的工作抬頭看她，心想著佛菩薩啊還是老天爺，到底是什麼緣分將我和眼前這個倔強的女子繫在一塊兒？

除了婚禮外，我終於也學會開啟其他話題，譬如和她聊阿選的小時候，聽她語帶懷念地敘述阿選五六歲時會窩在她的腰間撒嬌，然後國小一年級拿到作文比賽第一名的故事。話鋒一轉，她會鉅細靡遺地說著手上患者的離譜遭遇，說到激動處我也會跟著她義憤填膺了起來。那次出院後，我們的關係有了長足的進步，婆婆也順利出席了我們的婚禮，並且讓阿選牽著，在夜晚的草地上漫舞，那天她幾乎全程都用她的V8拍照錄影，最後也捧了一盆我們的婚禮花藝回去，放在她診間桌上一個星期，我們都看得出來她很開心。

自從我們在網路上發佈了婚禮紀實的文章後，那不曾想見的上萬點閱數可能有一成來自於她的好友或患者，後來我們才在手機裡看到她轉發的訊息，標題下作——「我兒與兒媳的婚禮」。字裡行間是那些她不曾對我們說出口，但是身為母親的一種，很深很深的驕傲。

約莫半年後，我們帶著萬般不情願的她再次踏進醫院，那時的她已變得異常疲倦且如廁困難。在前次追蹤時尚不復見的腫瘤，沒想到在三個月內挾著兇猛之勢而來。短短兩個禮拜內，她歷經了病危插管，並進入加護病房，這次我們同樣陪在一旁，只是她多數時間已累得無法說話，也必須靠止痛劑緩解腫瘤侵蝕帶來的疼痛。最後我們選擇居家安寧，讓母親回到熟悉的家裡。

婆婆後來在一個晴朗的星期日正午離開，美髮阿姨是第一個抵達家裡的親友，到後來，大伯的道親、還有我爸媽幫忙聯絡的助念義工們也來到家裡，從一個人、兩個人、三個人到整室的佛號聲不絕於耳，我們最終圓滿了連續八小時的助念，在前往殯儀館前，婆婆的面容平靜，好似已不再苦、不再痛。

在母親往生後我們並沒有閒著，分頭處理後事。告別式我們遵從大伯的信仰舉行，但表示希望能透過事前討論來避免太多浪費。於是在出殯前，禮儀社負責人與我們在家中一條一條討論告別式的內容，從訃聞到儀式流程與細項，其中我們因為不收奠儀，因此沒有用到禮儀社準備的答謝毛巾，而我們也取消像罐頭塔這種可能會造成較多浪費的告別式布置，也拒絕了客製化印有母親照片的月曆（用來提醒祭祖時間）。最後當要挑選靈堂的佈置風格、壽衣與骨灰罈時，我們三人好像頓時回到母親生前，討論著母親節要送什麼禮物一樣那般的日常。出殯當天，五月的梅雨飄搖，我們身著黑袍在殯儀館舉辦家祭，由禮儀人員帶領我們一步一步進行入殮、封棺再一路到火葬場進行火化，阿選和大伯兄弟倆隔日再開車從台中一路將骨灰載至北部的塔位安放。

待一切後事處理告一個段落後，儘管已相對選擇從簡的做法，我們仍然在精神與體力上來到一個臨界點。那天，我們三人回到婆婆診所，看到她鍾愛的牡丹荷花在門前盛開，又瞥見沒有了她的診間，有種不知今夕何夕之感。短短半年內，我們從婚禮辦到了喪禮，曾經無知的我覺得禮儀繁瑣得令人畏懼，逕自想要全部簡化，少一事是一事，但經歷這些後，我逐漸明瞭禮儀的重要性，因為我們或多或少都從「行禮」中找到一處容納自己的位置，讓情感得以安然地交流或宣洩。

二十七歲，我告別了婆婆，我的另一半告別了他的母親，這並非一個瞬間所發生的事，我們花了半年以上從陪病走過安寧、臨終與後事。感謝母親用生命為我們上了一堂課，這一切讓我們難免不去思考，當有一天我們要離開時，會以什麼樣的姿態走，能帶走什麼又留下什麼呢？

請替我辦場沒有垃圾的喪禮——

婆婆離開後，我們便計畫著，如果有一天我們之中哪一個人先行離開了，另一個人要負責幫忙對方舉辦一場沒有垃圾的喪禮。

也許我們能先達成一個簡單的共識，那就是：沒有任何物質的東西是死後能夠帶走的——無論是花了一生攢來的房子、鍾愛的陶瓷器皿，甚或是嘴裡鑲著的那顆金牙。我們雙手空空地來，雙手空空地走，沒有人是例外。

這篇文章產程很長，但我一邊又很怕寫不完。你大概可以想見，計畫一場自己的葬禮非同小可，首先你要趕在自己死前寫出來才能生效，但生死簿上的名冊落落長，誰知道何時輪到自己？因此這幾天在上班路上，一想到：「你葬禮企劃還沒寫完就升天了話，能看嗎？」我便情不自禁放慢了速度，小心左右來車，凡是路口必定停看聽。於此同時，我一邊上網查資料，搜尋各種葬禮的方式——在台灣目前現行的各種葬法中，自然葬顯然是最符合我需求的選項，我自己的祖母便是以植存的方式將骨灰「種」回大地，另外也有樹葬、海葬、花葬等選項；而近來在日本也出現「零葬」的名詞，指的是火化完不領取骨灰，直接交由火葬場統一處理，因此連下葬、入塔、出海的告別儀式都省去了。選擇環保葬的好處，除了部分縣市有祭出非常不錯的優惠及補助外，其實長久來看，對土地、對後代都是一種永續而且慈悲的做法——土地可以重複使用，消融不同梯次的骨灰，而後代也不用被拘泥於實體形象（例如墓碑、骨灰罈）及特定時節去做祭祀。

另外我也在寫這篇計畫的同時，研究了器官捐贈這回事，並上網填寫同意書，其中「給家人的話」這欄我寫下：「生前的我主張零廢棄，若死去時也能同樣實現這樣的價值，便是我最大的福氣。」送出後，我便開始寫下面的內容。

一場沒有垃圾的喪禮企劃書

撰寫人：尚潔

一、我生前已簽署器官捐贈同意書，若遺體堪用，請交由醫護進行器官摘取。

二、若不符合捐贈情況，請不用忌諱日期與時辰（不宜治喪的時間若沒人預定，就那天吧！），辦妥行政相驗、死亡證明等事宜後便可盡快火化。

三、喪禮不需拘泥在殯儀館舉行，火化完畢擇日再舉辦也無妨。

四、訃聞一律電子化，幾位好友可再致電通知。

五、喪禮以家祭為主，可提供線上直播讓遠方的親友能夠參加。

六、喪禮請以莊嚴佛事辦理，不收奠儀、不燒香和紙錢，可供鮮花素果，素果或素菜請幫我買裸裝的，並且買大家想吃而且吃得完的（因為我在忙著趕路，大概沒空吃）。

七、謝絕有包裝的花籃或禮盒，若要在靈前以鮮花佈置，請酌量（色系跟婚禮一樣就好，檔案在我的雲端硬碟裡）。

八、親友致意請以無包裝的植物、鮮花即可，但是雙手合十想著我快樂的樣子就是最棒的致意。

九、待喪禮結束，希望能在大樹下或草地上舉行簡單輕鬆的追思聚會，讓家人朋友們能互相關懷，讓傷心的人別因我的離去太傷心，也請好好珍惜周遭的人，把握難得的聚會聊聊天。

十、骨灰最後希望能以可分解的容器盛裝，並採植存的方式回歸大地，不立墓碑、不做記號、不燒香與紙錢。若思念很深很長，請記得隨處、隨時都可以致意。

十一、請不用幫我輸出遺照，用好看的生活照配簡單的框即可（儀式結束後我家人會願意放在床頭或櫃子上的那種，非大型的遺照），用投影機或播放器更好。

十二、至於我的遺物，希望離開前我已經處理交代得差不多了。辦理喪禮及告別式的費用我會事先準備好。我希望自己的遺物只有一個手提包，或者更少，裡頭有：身分證明文件、存摺印章（帳戶裡的錢我大部分都捐出去了，留下差不多就是我的後事費用）、給家人的幾封手寫信，還有一個USB，裡面存有我生前喜愛的照片與音樂集、寫過的文章，包含一份《一場沒有垃圾的喪禮》的草稿，請幫我完成並發佈吧！所以，嘿！喪禮記得拍照記錄，別忘了記錄一下垃圾量！

遺物整理心得——

婆婆留下很多東西，這當中包含她診所裡一個頂天立地的實木藥櫃、庫存的藥品與用具、幾十櫃的中醫叢書、海量的文具與雜物，還有診所樓上住處的日常用品、衣服鞋子、鍋碗瓢盆、清潔用品、家具這些。

我們大致先分工，由大伯負責整理母親的日常用品類，而阿選和我負責中醫藥類。我們在母親出殯後休息了幾天，才慢慢開始一點一點著手整理。我們首先將未拆封的藥品退回、將診所的各類設備器具上網拍賣，並把實木藥櫃捐給母校；至於驚人的藏書，我們則花了整整一個月一本一本篩選，年久破損的拿去紙類回收，但書況良好的仍舊有十幾櫃之多，於是我們聯絡系上以愛書惜書著稱，教授醫古文的老師，協助我們以二手折扣價格讓學弟妹們認購。而大伯那端則是更龐大的工程，衣物捐贈、廚具裝箱，還請來了吊車把家具、冰箱搬了出來，二手賣給有需要的朋友。

大型物件處理完後，剩下的就是那些體積較小的廚具、收納箱、筆記本、文具、水壺、容器、買菜車、小銅人、拔罐器具……等等各式「你說得出名字我就找得到」的神奇物品。而我負責的部分就是舉辦拍賣會，我拿了幾張婆婆留下的壁報紙，用顏料在上面寫下大大的「歇業拍賣」以及「免費贈送」，並做了電子傳單發佈到台中的「零廢棄教會」社團。拍賣辦在一個星期日，門口放免費贈送的物品，像是盆栽空盆、小包面紙、濕紙巾這些。而要賣的則用整理箱分門別類地上架，上頭的標價則由我們三人一起決定。拍賣會當天，人潮絡繹不絕，一眼望去便明顯發現媽媽們是本次拍賣會的主要受眾——有推著娃娃車的、抱著無尾熊般嬰兒的、一手牽一個幼童的，還有摩托車三貼而來的。然而還有一群意外之客，也是最大散戶，叫做鄰居——住對面樓上的阿姨大概是從窗戶裡觀望我們的一舉一動許久了，從我們一開門，她便下來巡田水，還很識貨地訂走了角落的小木櫃和兩張小木椅。而時常臨停在診所門口的阿伯，則像出入自家後院般地撿走了電器專區的各式電線電池，還有幾個婆婆在中國買的白瓷印泥台，臨走前以氣音神秘地說：「我做骨董生意的，這個行情我很熟啦！」留下掌櫃的不孝媳我一臉錯愕，像《櫻桃小丸子》裡友藏爺爺一樣變成漩渦，震驚之餘寫下了一首心之俳句：

今日五十元的印台
是否
明日將在臨停阿伯手上
變成五十萬的
輕鬆之財

但我在心中也清楚，這些東西我們根本用不著，與其讓資源在家裡生灰塵，不如釋出去讓真正有需要的人可以取得（因此仍衷心祝福阿伯可以發大財）。一整天的拍賣會下來，著實讓我們的整理進度大躍進，至於最後那些我們賣不掉、送了也不足惜，以及持續清理中的物品，像是肥皂架、筷子、菜瓜布、衣架、乾淨抹布……等等，我們則很天才地想了一個辦法——把物品用幾個紙箱裝著放在門口，接著在大門的投信口上方，用海報寫了「自由訂價 Pay as You Wish」以及「錢請投進來 Please Pay HERE ↓」的字樣，然後在門內放了一個傘桶，賦予它「收錢」的重責大任。過了約莫三個多月，我們每次回去，又會再放一些新整理出的物品進紙箱裡，然而最神奇的事情莫過於——箱子裡的東西竟然從來沒有滿出來過，甚至有一天就空了！而傘桶呢？前前後後我們從傘桶取出的零錢，從一塊錢到一百塊錢都有，累積起來竟然有兩千多塊，那可是足夠我們連續吃一個月的早餐錢呢！

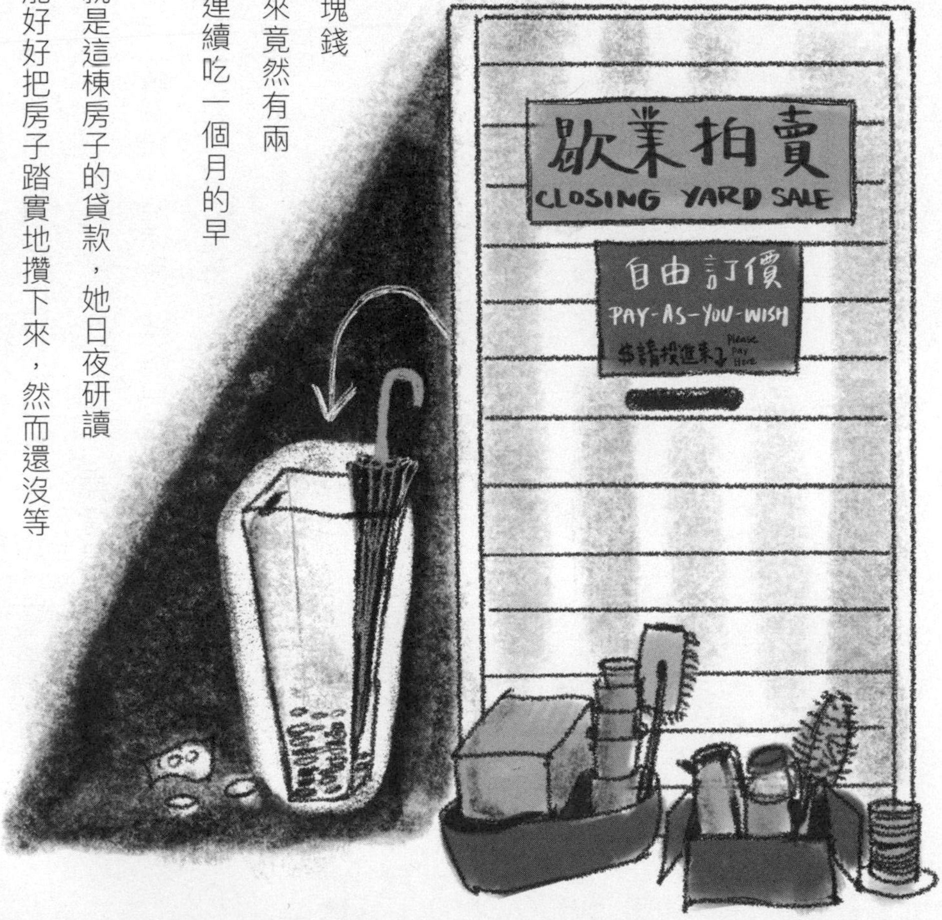

婆婆病榻前最惦記的就是這棟房子的貸款，她日夜研讀中醫精進醫術，也是為了能好好把房子踏實地攢下來，然而還沒等到那天婆婆就離開了。我們花了半年時間總算把房子整理完，大伯是比我

們更簡約節省的人，而我們夫妻倆容身在大城市的出租公寓，地坪雖小但是衣食不缺，而且滿足快樂。我們之中沒有人需要一棟房子，雖然賣房是種方式，但這裡融注了兩個孩子與母親的共同記憶，我們都希望能再守護它久一點。但是房子空著不住也是種浪費，因此我們決定清空並出租，讓有緣人能使用，也能用租金慢慢攤還房貸。

婆婆留下的東西是她傾盡大半輩子努力維繫的，從小小的白瓷印台，到木頭藥櫃，最後是母親的房子，我們爬梳著她的遺物，也同時在理清自己的未來。年輕的我們似海鷗，穿梭在天涯地角間尋覓棲所，上一代選擇的落腳處並非是我們的理想家園，但何處是理想？現階段，這個公寓足以讓我們安身立命，也許即是理想；又也許幾年後，我們會老去，想法也會有所不同，那也罷，金剛經裡頭說：「心無所住而生其心」，外在的居所是一回事，但我所祈願的是能有顆不隨境轉，處處安定且自在的心。

孕期中的垃圾觀察——

在我孕期開始時，興高采烈揀了一個義大利麵醬空罐，打算把孕期中產生的垃圾丟進去，但我真的是太天真、太小看懷孕賀爾蒙的威力了。當開始發現去到便利商店，我會下意識地走到洋芋片或汽水櫃前，對著先生本能地演出孕婦辛苦撐腰的動作，外加飢餓受凍（冷藏櫃前真的頗冷）的眼神表示：「我是孕婦！我有特權！製造垃圾的特權！我要吃這個！」然後在蠶食鯨吞後，倒臥在零食包裝中明瞭到一個事實：我絕對無法把這些垃圾塞進那個小罐子裡，於是在與零廢棄之神告解過後，決定把空罐的任務更正為：蒐集孕期的醫療垃圾。

以下是我從備孕一直到生產前，以垃圾為紀年的寫實紀錄。

備孕

辦完婚禮三個月後婆婆腫瘤復發，我和阿選有志一同地興起了生孩子的想法。可能出自希望她能來得及體會會擁有孫子的喜悅，又或者我們的孩子能和奶奶

在同一個時空下享受到奶奶獨有的關愛也罷。

因此在婆婆過世前我和阿選就有意開始備孕，但身為一個幫人調受孕體質的中醫師，說實在還真慚愧，自己大概因為歷經舉辦婚禮、婆婆住院開刀的壓力，那陣子經期還真是陰晴不定，週期有時長達四五十天，一開始懵懵懂懂也只是照著月經APP算時間，加上每天早上量測基礎體溫。而自從開始認真進行「玩出人命計畫」後，我們彼此笑稱總算是將零廢棄觸角延伸到性事上了，因為嘿！我們可是連一次性的保險套也捨棄了（目前的確有推出生物可分解的選項，但有沒有重複使用的選項還有待商榷）。只是時過半年多，肚皮仍不動聲色，也是，阿選的精子猶如抱柱的尾生，再有耐心也很難等不到我那兩個月才排出一顆的卵子。

後來，我們上網買了排卵試紙，在訂購備註欄還特別寫上請不用附一次性的尿液收集杯；收到包裹之後，剪開了最外層的塑膠包裝，眼看一疊二十個透明塑膠尿杯就事與願違華麗地從袋中落出。自從開始環保生活後，我們也學著用新的角度看待「人生不如意，十之八九」這句話，畢竟凡事用十之八九會不如意的心理準備去面對時，當結果真如預期般不如意，反倒還能有股「噫！這下不就正中我們的意嗎？」的安慰效果。

接下來就是一個週期繼一個週期的潮起潮落，早晨還在被窩裡剛甦醒時，先將手探到床頭，抓起基礎體溫計塞到舌下，再等待體溫計「逼」聲前把握片刻再睡一下，「逼逼——」響起，表示體溫量測完成。起床後拆一包試紙驗尿，每日企盼試紙上頭顯現雙條深色線，因為那是我的珍貴卵子即將破巢而出之（做）愛的信號。

我們最終仍沒來得及告訴婆婆懷孕的消息，二〇一九年四月中她最後一次入院，與上回婚禮前的腫瘤復發時隔正好半年，住院短短兩個禮拜內歷經了插管、進加護病房、拔管，最後我們選擇居家安寧，就在五月初的第一個星期天，母親節的前一週，婆婆離開我們了。

婆婆離開兩個月後，我的經期這回感覺又更晚來了，而且這次經前症候群加重，除了乳房脹痛外，連帶牙齦和舌頭接二連三地冒出小小如同泡疹的口瘡，一次竟然有七到十個之多，口腔黏膜也變得十分乾澀異質。忍耐了一個星期左右，擦了口內膏及抗病毒藥仍不見好轉，我們兩個又回到了藥局面面相覷，決定這次改買驗孕試紙。抱著忐忑又期待的心情一驗，只見淡淡的第二條線在五分鐘後緩緩浮出。「嗯，果然是我媽，連孫子都要親自面試才能放行！」阿選一邊手指著天上一邊說。我們在馬桶前相擁，阿選拿起了相機幫我拍了一張與試紙的合照。

在此之前，為了備孕，我們所製造的垃圾有：排卵試紙大約三十條及其包裝、網購寄來的外包裝、驗孕試紙及其包裝。

懷孕初期

驗到懷孕之後一週，我們去了住家附近的婦產科診所，超音波下看到的是子宮壁上一顆小小的胚囊；隔兩週後再去，看到了七週大的胚胎，有著小花生米的樣子，也第一次聽到被放大的心跳，「咚咚咚」地迴盪在診間。聽到心跳似乎是決定發放媽媽手冊的關鍵，因此我們一走出診間，說時遲那時快，跟診護理師隨著我們探出頭來，朝櫃台竭力大喊：「尚——潔——有——心——跳——喔！給——媽——媽——手——冊！」中氣十足的呼喊如加農砲般射穿了診所的長廊，我好像通過了什麼火盃的考驗似的，成功從火龍懷裡搶過一顆蛋，肩上浮出一個鑲著金邊、刺著「媽媽」字樣的身分勳章。

在那之後是每四週左右一次的產檢流程，而每次的產檢會產生的垃圾不外乎是：連續八週服用的阿斯匹林包裝、尿液試紙（驗尿糖及尿蛋白）、抽完血的棉球與透氣膠帶。另外還有一疊自費檢查的摺頁傳單和衛教單張，由於護理師們訓練有素且身手矯健，我通常還沒回過神，上頭已經被圈畫出許多重點，因此我們也不能說用翻拍再還回去的方式避免掉這些紙張。最後只還回一本孕期照護手冊。

懷孕中期

好不容易度過了第一孕期，也就是俗稱的前三個月。我也漸漸脫離了嘴破地獄，無縫接軌迎來了便祕地獄。

在中醫的診斷裡，我是個標準肝鬱脾虛的女子，意思是只要感受到壓力很容易出現相應的腸胃症狀，打個比方，從小到大無論段考、模擬考、大學聯考、國家考試，或是上台期末報告前，我總要瀟灑走一回廁所洩糞。就連整年的大七西醫實習，我都會每天六點半起床準時「烙賽」。

因此便秘是何物？我還真的不太熟。而進入懷孕中期後，大概是腸胃蠕動變慢，動輒四到五天才上一次廁所，肛門跟我的心情一樣絕望。阿選在某次我又被便祕纏身，屁股堵脹離不開馬桶的狀態下，衝到最近的藥局，買了半打人生浣腸。那真可以被裱框為人生的黃金時刻——「第一次看見浣腸本人」——浣腸長得像個戴著小帽的小酒瓶，成分是甘油，目的是刺激蠕動、軟化糞便、潤滑腸道，讓硬便可以滑出來解救蒼生的菊花。用了一個之後，不知不覺就連用了六個，這中間我也很努力自己開藥潤腸，但因為身為一名孕婦兼調劑者，蕩滌胃腸的藥也不敢試得太重，所以就以口服藥與浣腸輪流加減著使用。

但比較驚人的一次垃圾量，主要來自於孕期滿二十四週後所做的妊娠糖尿病篩檢，受試前必須喝下五十公克的葡萄糖溶液，並在一小時內抽血檢驗血糖。於是診所事前便發給我十小包的葡萄糖糖粉，雖然我還是經歷了一番掙扎，也考慮過乾脆拒絕這次的自費篩檢來避免這十個包裝，但後來想想，不如少吃一次洋芋片或小泡芙還比較有意義（我必須嚴正地坦承孕期時我沒有刻意迴避一些嘴饞的時刻，所以我會在偶爾逛超市的時候勇敢地走向包裝食品區，選購一樣我當下最鍾愛的產品）。另外懷孕中期還有一次的自費高層次超音波，我的檢驗醫院交付結果報告時印出了紙本檔案一份，還外加一個奶瓶形狀USB，裡頭存著原始檔，我們最後把檔案備份，又把USB還回去了。

另外值得一提的是孕婦必敗的「月亮枕」，我只是動動手把一件睡袋塞進一件冬季長褲裡，褲管和褲頭用棉繩綁起來，外面再套一件棉麻材質、較親膚的寬褲，就變成我的月亮枕（精確來說是褲子枕，因為長得像一個假人的下半身而非月亮），生產完後就理所當然變成哺乳枕了。

懷孕後期

進入二十八週後，我的肚子明顯突破了重圍，原本不知我懷孕的患者也終於發現他們的醫師怎麼一轉眼大腹便便。寶寶的一舉一動彷彿向我們宣告再也不能忽視她的存在──坐機車時，阿選在前我在後，原本的甜蜜雙貼變成綜藝節目的氣球夾夾樂，這顆氣球還能不時踹她老爸幾下，連阿選隔著羽絨衣都能唉出聲，那顆球像是在說：「你們兩個獨處的時間不多了！好好珍惜吧！」。

在認知到自己生米煮成熟飯、即將成為人母無法走回頭路後，甚至已為肚裡小人取了綽號每天不斷吆呼時，她的每一個打嗝、翻滾、飛踢都讓我們驚豔，也在在逼迫我們要面對九坪大的家裡即將出現一顆白菜大小的存在，還是一顆會拉屎撒尿大哭的白菜。如同以往的習慣，我們自動在每一個家庭活動名稱前冠上「沒有垃圾」四個字，於是乎──「沒有垃圾的新生兒計畫」便呼之欲出了。前輩們總是告誡我們：「不要不信邪！新生兒會用到很多、超級多東西！」但我生性有些反骨，覺得事情怎麼可能只有一種可能性，因此在孕期中間開始研究琳瑯滿目的新生兒用品，也不斷搜尋許多國內外媽咪前輩們給的建議，得到一個簡單的結論──那就是新生兒似乎不需要太多東西，只要關注、抱抱、奶奶、睡覺，還有尿布跟簡單的小衣服、小包巾（還有汽座、推車、揹巾、小床……欸！？）。

在找新生兒用品時，我們真的希望能好好控管花費在新生兒上的支出，一方面是我們家很小，光是一張嬰兒床就讓我們思考好久。「要用租的還是二手的？」「要用實木的，還是塑膠製方便拆卸的？」而因為考量到我們家的空間，所以先不考慮一般大小的嬰兒床，而瞄準了可放床上的嬰兒床墊，在拍賣網站上找到二手的來源，價格正是原價的一半，我向同一個賣家媽媽也訂購了她的二手擠乳器，為了之後回歸職場時可能得定時擠奶做準備。講定了這筆二手買賣後，我請阿選某次北上時順道幫我取貨，好笑的是賣家媽媽也指定她老公幫忙交貨，兩個爸爸交貨時面面相覷像是那種不知道自己被利用而涉嫌運毒的車手，手中到底交的是什麼貨雙方都不太清楚，只見老手爸爸拍拍菜鳥爸爸阿選的肩膀，語重心長地說：「加油！一切都會不一樣了！」等等，這不就好像大隊接力時在轉交接力棒時跟你的下一棒說：「加油！你慢慢跑吧你！會累到不行喔！」一樣的喪志啊！

但是讓我真正體會到「自己生小孩，卻無法全權決定花費去向」那種身不由己的感慨，就得從收到的新生兒禮物說起了。

以下是我們收到的東西：一個實木的尿布檯、四箱紙尿布、沐浴組兩盒、粉紅防踢被一件、粉紅蓋毯兩件、粉紅洋裝一套。看似非常實用的組合，但首先我們家只有九坪，一個尿布台和四箱紙尿布就已經把我們的客廳填滿了，所以我們把兩箱紙尿布先暫時塞在車上，阿選就這樣每天開車載兩箱尿布上班，再原封不動載回家長達一個月左右，直到我們找到褓母。而大家有默契地選擇了初戀粉色系，這不能怪大家，畢竟那是最保險的方式，而我更是不可能坦承：「我們希望在女兒能自我表達前，盡可能給她中性色調的東西，因為不想將性別刻板印象加諸在她身上。」這種囉嗦又失禮的話怎麼可能說得出口，虛心感謝都來不及了，怎麼還毛一堆。

但另一方面，很有趣地，較熟識我們的朋友送的禮物都摻有一些零廢棄特色：自家種絲瓜絡及苦瓜、友善耕種的紫薯一袋、玻璃罐裝啤酒半打、布尿布新手組合。其中我的大學好友一番美意送我的布尿布新手組合中，卻因為尿布花色太鮮豔的關係讓我煩心很久（孕婦就是這麼難搞），蹉跎半天最終決定上布尿布社團拍賣掉，還為此和先生在產前大吵了一架。所以說，送禮真的很困難，尤其如此不巧，你剛好有這麼一位朋友過著環保生活，又提倡性別平等還堅持奇怪的色彩論調，那我雙手捧心地奉勸你——真的不要為難彼此，送現金最環保又省事！

在我們收到各式禮品後，我另一個大學閨密問我她要送什麼，我這回決定直接傳銀行帳號給她，她說沒問題，不久後我就收到一筆款項，附註欄上寫的是：妳女兒的基金。我完全可以想像她的臉，如果附註欄沒有字數限制，她大概還會多寫幾個字——「不准偷花，不、准」。

擔任姊姊的陪產員

我和二姊同時懷孕，她的孕期比我早八週。姊夫是美國人，幾年前從紐約來到台灣和姊姊結婚並開始在台灣的生活，我們自從知道彼此都懷孕後就會不時交換孕期情報，也互相倒數著彼此卸貨的日子。二姊與姊夫也很希望我在她生產當天一起陪產進產房，除了擔任小小助手遞茶水，也能在二姊忙著生產時充當姊夫與醫療人員間的翻譯，讓不熟悉台灣醫療程序的姊夫能比較安心。

前一天半夜我接到她的電話說她開始陣痛，凌晨他們從急診進入產房待產，很感謝姪子選擇星期天來到世上，也感謝台灣高鐵，讓我不需要請假當天還能往返台南與台中。

為了在生產前先幫二姊與姊夫打預防針，我也事先請問了正在北部醫學中心擔任婦產科住院醫師的大學同學，關於醫院的正常待產流程。

在台灣的生產場景大致是這樣的：基本上有產兆（規則陣痛、落紅、破水）其中之一發生時，就是可以去醫院的信號，當然被「退貨」的產婦也是時有所聞，多半是醫護判斷還不到產程啟動的時間。

收入院前會先透過內診確認子宮頸已經開至某個程度，一旦進入待產程序，產婦便會被打上靜脈注射的管路，以便看情形施打抗生素或是催生藥物，另外產婦肚子上也會被綁上胎心音監測器，到這裡我們可以假裝自己是產婦想像一下，一隻手有點滴管路，而肚子上有一條綁帶纏著胎心音偵測器，連著一長串電線到床畔的機器上，翻個身會有些困難，需要旁人幫你喬一下線路。

我到達產房時，二姊的子宮頸開約一指，大約是五六分鐘一次的陣痛，陣痛中間她都還能與我談笑講著昨晚發生的事情。但中間不時穿插著產房護理師進來做內診（戴手套將手指伸進產婦陰道測量子宮頸擴張程度），但是因為頻繁的進出，她們傾向進來時只拉圍簾，門沒全關，而我就這樣每次內診時去負責把門闔上。雖然只是個小動作，但我姊說她很感謝我這麼做。

「妳接下來不要下床了，我怕妳跌倒。」護理師在第三次進來內診時霸氣地說道，此時子宮頸大約開兩指半。

但是此時除了子宮收縮以及胎頭往下壓迫外，其實產婦跟昨天的自己並無太大不同，的確沒有一個所謂最舒適的姿勢，但在陣痛之間其實是有能力下床移動的，真正讓產婦移動困難的其實是因為沒有進食以及束縛在身上的那些管線。

「上次解尿什麼時候？等等先在床上解看看。」護理師離開前說。距離姊姊上次解尿估計過了三小時，但因為被限制不能下床，於是我們把床搖高，把尿盆塞到她的屁股下，慢慢調整成蹲踞的方式蹲在床上。

就在姊姊醞釀尿意的過程中，護理師沒多久拿著一包導尿包進來說：「如果尿不出來我幫妳導，妳這個姿勢會讓偵測器跑位，讓我們誤以為胎心音下降。」原來因為蹲姿擠壓到了原本綁在肚臍下的偵測器，往上移動反而偵測到產婦的心音（成人正常心音在每分鐘一百下內，胎兒大約在一百三到一百六十下左右）。

「她才蹲一下下，可以讓她再試個五分鐘嗎？」我問。就在護理師轉身離開不久，姊姊在涓涓細流聲中成功解尿了。也就在解完尿後，子宮頸大小也跟著有了大幅進展。

由於那時候我正在同時計畫著自己的居家生產，做了一些關於待產時的功課，了解到在第一產程時，不斷變換姿勢有助於胎頭下降與產程進展，也能用除了減痛分娩之外的非侵入手段例如調整呼吸、按摩、水浴進行疼痛緩解。

但因為不想把自己的想法加諸於姊姊身上，我只輕輕問她：「妳覺得自己還能忍受陣痛嗎？我們會在旁邊幫妳。」雖然沒有受過陪產員的訓練，但從兩指到全開送入產房，這中間無數次潮起潮落的子宮收縮裡，我帶著她數著呼吸，吸吐吸吐之間配合按摩腰腿，問她需不需要打減痛分娩，她氣若游絲但清楚地說：「我想我應該撐得過去。」

在子宮頸全開之後，護理人員更頻繁地進出病房，並開始教導姊姊用力——兩腿跨踩在床欄上，宮縮來時深吸氣，視線往肚子下方看，開始閉氣（旁人幫忙數著一到二十），等宮縮退去再深深吐出來。眼看馬拉松即將來到最後一哩路，來回幾次用力後，羊水破了，在床尾劃出了一道拋物線，我驚奇地對著姊夫說：「Her water just broke!」

當我們還在訝異寶寶濕黑的頭髮已微露出在產道口時，護理人員以迅雷不及掩耳的速度把姊姊連床推進產房，只見一位護理師請我們先在產房門口稍等換裝，姊夫慌張不解地問我：「我們不是可以陪進去嗎？」我以先前實習的經驗先安撫他說：「應該是他們要先準備把姊姊移動到產台上，還要做一些鋪單消毒的準備。」

著裝完畢，我攔截一位護理師問能不能讓先生先進去陪產婦，護理師說要等主治醫師來才能決定，縱使之前產檢時他們已經充分溝通過會讓先生陪進去，我們還是在產房外乾等了十分鐘左右。等到主治醫師抵達時，我們才被請進去，只是爸爸才剛戴上手套的同時（因為要剪臍帶），寶寶的頭已經冒出來了！一切發生得實在太快，寶寶隨後被抱去一旁的整理台上做新生兒護理，並將身上的胎脂擦乾淨。此時新生兒的哭聲響徹了產房，整個小身子在刺眼的黃燈下被照得紅通通的，量完頭圍和身高體重，約莫過了五分鐘後再被抱來媽媽身邊，數數手指頭和腳趾頭，確認性別後，終於讓寶寶趴在媽媽胸口上，寶寶頓時安靜了下來，微睜的雙眼內，瞳孔像是一池無底的深潭，迷人極了！只見姊姊淚水撲簌簌落下，抱著這個剛出爐的小生命，好似剛才令她近乎昏厥的產痛已被拋諸千里之外。

我後來詢問產房人員能否稍微延緩寶寶去新生兒室做檢查的時間，讓母嬰可以再相處久一些。得到的回覆是頂多讓媽媽抱著到出產房，最多是三十分鐘左右，寶寶在那之後還是得去新生兒室看顧檢查四小時左右。

大七當實習醫師輪訓婦產科的時候，曾經站在產婦的屁股端接過幾個滑溜溜的新生兒，也曾幫忙剪過幾條臍帶、用鐵盆接過無數個胎盤，也曾站在產婦肚子旁，因為產婦精疲力竭或是「不會用力」，幫忙用手肘壓過產婦的肚子。總使半個月的產房訓練每天都有寶寶出生，但每次看到寶寶被抱給母親時，我還是會很濫情地溼了眼眶。

但直到自己懷孕並開始了解溫柔生產之前，我從來沒有思考過為何在台灣大多數的產房中，寶寶生出來不能馬上遞給媽媽，而是必須先清理秤重，然後短暫抱一下後便要送到新生兒室和母親分隔數小時。因為我非常確信自己根本不會在乎我的寶寶身上沾了血或胎脂會弄髒我，我只想好好抱抱這個我孕育了十個月的小生命，只要他生命跡象穩定，我定要好好地端詳他一番，並且在他剛出世時好好在他身邊守護他。

回顧姊姊這場歷時十五小時的生產馬拉松，我非常感恩這樣的機會，讓我能帶著肚子裡當時八個月的寶寶，以旁觀者身分去觀察並親臨生產現場。多少寫實的對話與澎湃的情緒流動在產婦四周，無論是與胎兒、伴侶、醫護、陪產人之間，抑或者是產婦如何面對自己的身心，這是多麼難能可貴的生命經驗，每個人若能有機會旁觀，一定會對生命產生更巨大的敬意。

晚上九點半，我踏上了向台中的高鐵列車，和電話另一頭的阿選敘述著方才經歷的一切。這樣的生產是台灣百分之九十以上的產婦及家庭會面對到的場景，我思考著這中間有沒有可以改進的地方，像是產婦能不能在醫療場域中有更大一點的話語權，一定要在床上尿尿嗎？一定要被綁手綁腳嗎？伴侶一定要在產房外等到主治醫師來才能進去嗎？寶寶生出來不能讓母親抱個夠嗎？有沒有機會能讓生產變成更好的體驗呢？

與溫柔生產相遇——

就讀醫學院的時候，曾經修過一堂課叫做人文醫學導論。雖然說年代已經有些久遠，但依稀記得那是我首次接觸到溫柔生產這樣的話題。課堂上學到在台灣有一群非主流的產家，在醫療化生產如此盛行的今日，選擇找來助產師，用相對沒那麼醫療化的方式（可以說是比較古早味、本能的方式）在家裡迎接寶寶的誕生。當時課堂中看到紀錄片覺得很不可思議，覺得這些產家真是勇敢，回家作業讀了一篇很有名的文章〈台灣女人妳為什麼不生氣？〉，對於文章裡提出台灣醫療化介入的種種質疑，對當時沒生過小孩的我某些程度上竟然很感同身受，大概是因為我不想要接受會陰被剪開這件事，而那大概可以說是我接觸溫柔生產的第一次啟蒙。

到底什麼是溫柔生產？根據台灣溫柔生產推廣協會的說法：「溫柔生產是以較溫柔的方式協助婦女生產，讓每個產婦有權選擇自己想要的生產方式，在心理不具威脅性的情況下，能顧及個人身體和情緒的隱私，同時生產過程可以在友善和舒適的環境下進行分娩，也可稱之為溫柔生產。」

在我真正進入婦產科實習後，記得某次下午的小組教學時間，總醫師帶著我們討論整個生產的流程，我問了他會陰切開為何在醫院幾乎是常規執行。還記得他憤慨地提到：「如果你們有看過一篇文章叫做〈台灣女人妳為什麼不生氣？〉，裡面對婦產科醫師有諸多的批評指控，很多是從助產師角度所寫出來的，會陰切開能讓避免會陰不規則地裂開，縫合上會比較漂亮，妳難道想要自己的會陰裂得亂七八糟嗎？」學長這麼回答。我當然不想要會陰裂得亂七八糟，但是難道我只有剪會陰這個選擇嗎？當時二十三歲的我，一想到我可能逃不過剪會陰這件事，在心裡不禁打了個哆嗦。

但事隔五年後，因為看到好友分享的一場溫柔生產講座，當時還沒懷孕，衝著一股莫名的吸引力讓我想去聽聽看，於是拖著那時對溫柔生產完全沒概念的阿選去到了一間市區邊陲的神祕咖啡廳（主辦過很多身體探索、靈性、生態家園方面的講座）。在場聽眾有大半身穿棉麻材質、天然色調，好像帶著某處山林或海浪的味道，而我穿著法蘭絨吊帶裙、阿選穿著襯衫牛仔褲，格格不入的兩人像是在路上踩進什麼黑洞，意外被吸進來的都市怪人。

講座開始，主講人喬靈原是台北人，後來隱居到台東的山上，與伴侶和三個女兒過著自給自足的生活。人如其名，有著靈性慧黠氣質的她，懷裡背著剛出生的三女兒，分享她從醫院到家裡三次不同的生產經驗。並與我們侃侃而談在深山小屋居家生產的種種細節，包含大女兒越過山頭幫她燒熱水、透過身體的自然低吟度過陣痛，然後跪著把寶寶接出來，還有吃胎盤的經驗等等。那次講座可真是開啟了我對生產的想像，有種「原來這個世代還能這樣生？」的驚嘆。而同場也有幾位溫柔生產媽媽跟著分享，關於順勢讓母嬰選擇最自然的方式相遇，甚至討論起胎盤料理而熱絡不已。也許是當天宛若闖入桃花源般的遭遇，讓我不禁想問：為什麼這些對生命似乎很有熱忱的人會選擇這種生產方式？

回家的路上，阿選跟我說：「我覺得這風險滿高的耶，還有吃胎盤我真的無法……。」我記得當時也跟著調侃了吃胎盤這件事，但可以確定的是，在那天過後溫柔生產的種子已悄悄在我心底萌芽，縱使寶寶還沒有出現。

直到懷孕五個月左右，我開始搜尋關於溫柔生產的在地資訊，後來在網路上看到一位台中市的媽媽分享居家生產經過，循線追查，發現了位在南投埔里恩生助產所的王秀霞助產師，立刻打了通電話，約了第二十一週做第一次見面諮詢。

我們為何選擇居家溫柔生產？——

大部分的人在聽到居家生產的第一個反應是「這樣不會很危險嗎？」我必須承認在一開始什麼都不瞭解的狀況，有這樣的反應非常正常。就像登山或是潛水一樣，如果沒有事先了解眼前的山路或是海域，自己可能碰到什麼樣的泥濘或浪潮，遇上暴雨或暗流時有什麼樣的自救計畫，如一片白紙般的無知恐怕才是最危險的事。

「為什麼要在家裡生？」這是我們決定要居家生產後最常被問及的問題。之所以會採取居家生產，並不是因為二〇二〇年初爆發的新冠肺炎，但嚴峻的疫情卻意外讓我們獲得超乎預期的支持，原本採保留甚或懷疑態度的親友反倒覺得這時間在家裡生好像還不錯！

以下是我們選擇居家生產的兩個最初原因，希望藉由記錄下來能讓更多人看見多元的生產方式，也許未來能幫助你去同理更多選擇常規外生產方式的產家，說不定將來妳或伴侶生產時也會將居家生產列入考慮呢！

零廢棄生活帶來的啟發

一切緣由仍要從零廢棄生活開始說起。

接觸零廢棄生活真的從內心改變我們看事情的許多角度，當我們意識到將「物質」轉嫁到「體驗」上的重要性後，我們遇到生活上的大小事都會自然地反問彼此幾個問題：這是需要的嗎？只有一種選擇嗎？有沒有更簡單的方式呢？有沒有對環境負擔較小的選項呢？

就像我們的婚禮一樣，我們希望能用符合自身價值觀的方式來計劃生產這件事。如果平時買個東西我們能做到檢視自己的需求，那推及婚禮、生產這樣的人生大事，為什麼不這麼做？

零廢棄的5R中，第一個R拒絕，也就是拒絕我們不需要的——有沒有可能拒絕我們不需要的生產浪費？在母嬰健康良好的前提下，我們能否拒絕不必要的即時胎兒監視、催生藥物、麻醉藥、灌腸或剪會陰？第二個R減量，減少我們需要的——我真的需要那麼多一次性的濕紙巾、產褥墊嗎？

既然想減少醫療介入以及一次性垃圾產生，那麼居家生產儼然是比較適合我們的選項，畢竟在家中我們較能掌控廢棄物的產生，在醫院比較可能會造成醫護人員兩難，因為要麻煩他們做出常規外的調整。

另外，零廢棄教導我們簡化生活，並把重點從物質轉移到體驗上。若換成生產，我們希望簡化生產回歸到自然的本能，好好體驗生產不假雕琢的原始樣貌。我們在意的不是病房規格或月子中心設施，而是家庭裡各個角色在生產中所學習並獲得的體驗——母親體驗迎接產兆，感受漸強的宮縮與陣痛，學習面對身心巨大的轉變；而伴侶學習陪伴、生產照護知識，並且全程在產婦身旁給予支持鼓勵；甚或其它家人與孩子，也能夠藉此見證一個新成員的誕生，上一堂最寫實的生命教育課。這是一場家庭共同協力合作的大好機會！而我們想與寶寶一起齊心協力體驗這件大事。

我們於是把之前婚禮海報上的大字做了些許修改：「一場沒有垃圾的婚禮」變成了「一場沒有垃圾的生產」，**只是這次我們彼此都有默契，沒有那麼在意垃圾量了，畢竟生產不是一件會照著計劃走的事情，我們得時時觀其變，無論最後結果如何，母嬰健康仍是我們的首要目標。**

選擇以產婦為主體的生產方式

我大七在婦產科實習時，就曾因為產婦「不會用力、生不出來」，而奉命在產檯邊擔任壓肚子助手，將全身力氣灌進手臂，抵著硬梆梆的子宮底一推再推。當時我只是聽命行事認為自己在幫產婦推出寶寶，但當我換位成為大腹便便的產婦時，我光想到左右兩個成人用全身重量壓在我和寶寶身上就覺得驚悚與害怕。

第二個選擇溫柔生產的理由關乎女性在生產中的角色賦權，在現今的台灣，生產普遍發生在醫療院所，產婦們從待產室到產台上，大多時候是由醫護主導產程的進行，包含持續的胎兒監測、催生、人工破水、剪會陰、壓肚子等等，為的是希望在一定時間內娩出胎兒，只是這樣一來，產婦本身的感覺相對就縮小了，生產的主體性也降低了，從「我憑本能可以生得出來」轉變成「要有醫師、要接受醫療介入我才能生得出來」。

醫師與助產師之於生產常落入角力大賽，但這裡並非要比較誰好誰壞，因為最好的場景可能是兩者一起互補合作，助產師協助低風險產婦將生產本能發揮到最大，而醫師能更傾注醫療重心在需要醫療介入的較高風險的產婦上。

說白了是我想挑戰憑藉著自己的力量完成生產這件事。我想要好好為每個生產環節做選擇，如果寶寶超過預產期還沒出來，那我願意等她；如果跪姿讓我比較好生，那我就不需執意只能躺著生；如果多一點等待時間能避免會陰裂傷，那我不希望自己因為「生得不夠快」而被做會陰切開術（俗稱剪會陰）；如果我想讓孩子在熟悉的家裡誕生，那我勢必得盡可能做足準備，尋求支援，也要充分了解可能存在的風險，做好B計畫。

綜合以上兩個原因，若要找出減少醫療浪費、以產婦為中心的交集，很自然地會需要認識到「溫柔生產」或是「順勢生產」這些名詞。至於生產場所，有鑑於進一步想挑戰零垃圾生產，我們決定選擇相對較能自主控制垃圾產量的居家生產。

我們如何準備「溫柔生產」？——

「溫柔生產不代表居家生產，也非拒絕所有醫療科技或是昂貴的服務或高級設備，而是一種對於生產的態度與做法，可以發生在醫院、家裡、助產所，也可能是自然產、剖腹產。重點在於過各種方式，促使女性為生產的主體，充分發揮其能力，讓孕產成為一場充滿力量的生命旅程。」——諶淑婷《迎向溫柔生產之路》。

以下分享我們在懷孕時為溫柔生產所搜尋過的資源及做過的準備，非常建議先找諶淑婷《迎向溫柔生產》來看，或者她的TEDx演講：**產痛不慘痛，可以很溫柔**，以及陳鈺萍醫師談認識順勢生產的演講影片，你會對溫柔生產及順勢生產更有概念！若你也想嘗試溫柔生產，並想找找你所在地區的資源，不妨加入臉書社團，在裡面搜尋所在地的醫療院所、助產師的資源，然後一點一滴打造出你自己心之所向的生產模樣囉！

書籍

我從懷孕十六週開始尋找相關書籍，我個人看了前四本。圖書館幾乎都有，第四本是參加好友線上節目米德人物誌抽中的（還有陳鈺萍醫師的簽名！）

《溫柔生產：充滿愛與能量的美妙誕生》作者／芭芭拉・哈波

《迎向溫柔生產之路：母嬰合力，伴侶陪同，一起跳首慢舞》作者／諶淑婷

《靈性胎教手冊：從懷孕到生產的 161 個冥想練習》作者／凱薩琳・仙伯格

《溫柔的誕生》作者／費德里克・勒博耶

《第一個擁抱》作者／邱明秀

《喚回失落的溫柔》作者／林宜慧、梁淳禹

文章

線上搜尋「溫柔生產」便能找到超級多資料，有媒體的專題報導也有各個產家所分享的生產紀錄，同樣是溫柔生產每個產家的作法也都有所不同，畢竟「溫柔」就是要讓

你好好為自己做選擇，做適合你、屬於你的選擇。我當初找到南投恩生助產所，便是從一位同樣住在台中的媽媽所寫的居家臀位生產的文章連結到的。

〈專訪醫師陳鈺萍：我想讓每個母親，都能選擇自己要的生育方式〉

〈你聽過「溫柔生產」嗎？生小孩可以不只是「送進醫院聽醫生的」〉

〈「溫柔生產」不等於居家生產，而是讓產婦在更人性化的環境裡生下寶寶〉

〈女人迷專題：溫柔生產的第一堂課〉

網路社團與專頁

- 最溫柔的相遇——溫柔生產（友善生產）
- 生育改革行動聯盟
- 呼叫助產師
- 陳鈺萍醫師
- 好孕工作室
- 中部溫柔孕產交流團
- 溫柔生產在台東

- 南方溫柔孕產支持圈（屏東高雄台南）
- 人性化生產（溫柔生產、居家生產、順勢生產、天賦生產）
- 祝我好孕

影片

YouTube上搜尋居家生產、溫柔生產都有不少產家分享各自的生產紀錄。而演講影片也有不少，這邊列出幾個我個人喜歡的。

- 產痛不慘痛，可以很溫柔——諶淑婷——TEDxDaanPark
- 陳鈺萍醫師——認識順勢生產
- 溫柔生產 Gentle Birth Choices（瀚心 Candy＋重光 Adam）
- 【家的溫度】居家水中溫柔生產／葳葳降臨

健保特約助產所

建議可以同時搭配臉書社團「最溫柔的相遇——溫柔生產（友善生產）」，在裡面搜尋產家分享的在地助產服務。

如同前述，我是先找到恩生助產所的王秀霞助產師，並在二十一週時與秀霞姊在位於南投的助產所約了第一次的會面，先認識彼此並看了秀霞姊接生過的案例影片，了解我們對於生產的期待。會談結束也做了一次基本檢查，包含身高體重、尿糖尿蛋白、超音波。在那次會談後，三十四、三十五週的時候去參加了連續兩個週日的產前教育課程，然後在三十七週時助產師團隊來家庭訪視，了解我們家的位置、格局，屆時生產時的動線等等，順道檢查胎心音。而我因為過了預產期還沒生，在四十一週前一天請秀霞姊來幫我看看，秀霞姊內診完凌晨產程就啟動了！產後兩天，助產師團隊再回來訪視，看看我的傷口及寶寶哺餵有沒有什麼問題、做新生兒篩檢、教導我做產後運動等等。

這些當然跟我在婦產科的例行產檢是並行而不衝突的，我也讓我的產檢醫師知道我要採取居家生產。助產團隊給我最大的感動與安全感是——我並非孤獨奮戰，我有一個很棒的支持系統，她們非常了解我的感受。

產前生產教育課程

會由助產師及陪產員開設課程給即將要採溫柔生產的產家們，運用講課、遊戲、模擬體驗、相互分享、實體操作……等方式，教授孕期不適與調適、孕產姿勢與運動、分娩溝通支持系統、產痛原因與處理、放鬆技巧、分娩分期介紹與身心變化、非藥物的減痛方式、產兆、母乳哺餵、新生兒外觀與需求、生產方式討論與非預期的結果……等等。可與各地助產所詢問，或者在各專頁上關注活動訊息（助產所通常會開設團體課程，時間兜不攏也能去別的縣市上課，有的免費有的收費）。

生產計劃書

無論你選擇什麼樣的生產，都應該在產前和伴侶好好討論設計一份你們的生產計劃書（在媽媽手冊裡就有附上格式）也可以在網路上搜尋各個產家的分享，可以在 https://wastefreeapt.com/ourbirthplan/ 找到我們的生產計劃書。

居家生產需要的用具

端看你最後選擇在哪裡生產，來決定需要準備那些用具（有些醫療院所就有附設產池）。我們並不執著要在水中生產，只不過還是想要備妥水池，若需要泡水減痛也能用得上（更何況可以在客廳泡水，這麼稀奇的體驗當然要抓緊機會感受一下！）。因為在家裡生，所以不用特別準備所謂的「待產包」，畢竟會用到的東西家裡基本上都找得到。

- 孕期就可以使用的：產球（瑜珈球）、瑜珈墊。
- 生產當天要用的：水池、水管、防水墊、毛巾、食物。（在家生就可以直接在床上吃生日蛋糕囉！）
- 一次性用品：產褥墊、新生兒紙尿布（我們還是有預備各一包，但生產只用了少量）。

最重要的功課：堅強的信念

選擇常規外的生產方式本身就需要一定程度的勇氣，但是勇氣不會憑空生出來，盡可能做足準備才是最腳踏實地的方法。路途上旁人的意見恐怕少不了，可能遭受到說好聽是關心，說難聽是質疑或是直接否定，這些都可能會動搖你的信念（很、正、常！）。我的方法是謹慎告知（總是有些親友會特別緊張），有時間的話就去了解對方的擔憂為何並做出回應（順便檢視自己還有哪些思考得不周全），但這一來一往會很傷神（也就是為什麼很多產家最後選擇生完才告知），所以我會不斷地與伴侶談論自己選擇居家生產的初衷，和肚子裡的寶寶說話，看看溫柔生產社群中的分享，面對面與助產師談論自己的不安或擔憂，另外我孕期幾乎每日都頌一部《普門品》來安定自己的心。

以上全部整理下來，才發現我們在孕期這幾個月真的經歷好多，這都要感謝我們的寶寶，她的來臨讓我們重新認識生產這件事。如果你正在懷孕，也打算選擇溫柔生產，那麼希望這一篇文章能幫助你拾起勇氣與信心，迎向溫柔生產之路！

公寓裡的溫柔生產紀實——

我們的女兒沐沐於二〇二〇年三月底在家中的水池裡誕生，四十一週，三千七百公克。

多虧有照片和V8的紀錄，不然現在回想起來什麼陣痛腰痠早已拋諸腦後，我最記得的是知道女兒平安脫離我的身體，被爸爸和助產師從水裡掬起，沉甸甸地落在我胸口上的畫面。

那一天起，一個小生命正式託附於我。

過了預產期還不退房的小房客

我的預產期在三月中，並在三月開始（三十八週）請了為期兩個月的產假，沒料到我們一路盼啊盼地，盼到預產期過了，肚皮仍舊不見動靜。我甚至無聊到在 IG 上搜尋 #40weeks #41weeks 的 hashtag，並不斷 google「自然催生」、「過預產期還不生怎麼辦」、「第一胎都幾週生」如此落落長的句子（句子有多長，焦慮程度就有多大）。也試了麻辣鍋、刺激乳頭（激發催產素引起宮縮）、床上運動（爸爸的前列腺液可軟化子宮頸）、貼耳穴、針灸，也聽了產檢醫師的話，去爬了大坑步道，還跟著 YouTube 多位動感老師連跳了一週的孕婦有氧（撇除自己像一隻溺水大青蛙外，還滿紓壓的！）。

黔驢技窮的臨盆婦如我，緊張、擔憂、焦慮感作夥揉成一團，早已超越肚子的重量。在四十週又五天回診產檢時，超音波及二十分鐘連續胎心音監測均正常，醫師內診發現我的子宮頸已經軟化，只不過頸口位置有點偏後下方，所以幫我稍微撐開並將子宮頸往腹側勾，希望能讓產程盡速啟動。當天微微一點點落紅，下午去走了一萬步、跳了有氧、爬了三十層樓梯，無奈一天又過去了，我還、是、沒、生！

眼看著隔天就要滿四十一週了，我決定傳訊息問助產師秀霞姊，看需不需要去埔里一趟請她看看我的狀況，正巧她剛好來台中辦事，傍晚就到我們家探視。胎心音正常，

「子宮頸變薄程度（effacement）很好，有60%！頸口開兩公分（dilation），快了快了！今晚就可以生了！你放心！」秀霞姊內診時這麼說道，她同時也幫我再把頸口再撐開一些，因為太想趕快生所以忍著撐過不適感，手套拔出的落紅比昨天產檢時得更多了。秀霞姊囑咐我今晚保持聯繫，同時一再安撫我要相信寶寶，寶寶真的就要來了！

落紅與陣痛紛至沓來

秀霞姊離開不久後，我們走去吃晚餐，途中開始感到肚子宮縮變頻繁並伴隨些許腹部緊縮痛，其實懷孕後期就時常會有不時的宮縮，肚子從子宮底（靠肋骨）這端開始變緊，有時硬得像顆籃球一樣，過一兩分鐘就會緩解。只不過這次好像比平常痛！

吃完飯八點多回到家趕緊先洗澡洗頭，幾次上廁所也出現了足足有五到十公分長的粉咖啡色黏液塞（因子宮頸擴張而排出的分泌物，反倒不是鮮紅色的「落紅」），手機開啟宮縮紀錄器的APP預備，搞笑孕婦如我從衣櫃深處拿出護膝兩只，聲稱這樣自帶軟墊隨處都可以生。

午夜降臨，此時陣痛大約是三四分痛，宮縮間隔四到八分鐘不等，有明顯的痠痛感從屁股尾椎深處蔓延開來，像是有十個美伢在用美伢拳揉鑽你的骨盆。這時阿選先幫我按摩腰背，我則三步不離產球把所有學過的姿勢預習了好多輪，最後在兩點先去床上瞇了一個多小時，朦朧之間仍握著手機計時器，相對前幾晚的平靜，竟然有股慶幸之感油然而生：「陣痛大人，您可終於來了！我等您等得好苦啊啊！」因為我知道：陣痛愈近，寶寶也就離我們越近。

凌晨三點半，從腹部及尾椎發散出來的痠痛逐漸無法忽視，我決定自己先起來拉筋伸展，上廁所時在馬桶裡又見到更多的深紅條狀黏液，此時宮縮來到五分鐘一次，中度的腹部疼痛正式登場，像是數十根小鐵絲扎在肚子上，但還行，這都還在能忍受的範圍內。

凌晨四點，陣痛頻率開始小於五分鐘，我喚醒了阿選請他準備將水池充氣，只見千手阿選一邊熱上了早餐、點上了香氛、播上我最喜歡的音樂清單，同時傳訊息給秀霞姊報告我的現況，秀霞姊立刻回覆說她準備出發，六點左右到。

在助產師團隊抵達前，住在附近的攝影師婉寧先抵達了(她是我們的婚禮攝影師，在婚禮結束後變成好朋友)，窗外的天光剛轉清明，她替我們拍下的第一幀畫面，是我們兩個在陣痛來臨時的環抱搖擺，還有在陣痛退去時，想到快要脫離孕婦身，就興奮期待瞇眼笑的我！

生產馬拉松開始

6:38am

清晨裡的公寓大樓還在沉睡，載著氧氣筒的金屬推架在走廊上響起匡啷啷的聲音，助產師團隊（其實就只有秀霞姊和楷琳兩個人）大包小包抵達家門口。「陣痛根本一兩分鐘就來一次，背好痠根本沒有間斷，肚子痛怎麼辦哪？」我問了楷琳。「那是寶寶在頂，痛會過去！」楷琳說。

秀霞姊俐落換上工作服，請我躺回床上做檢查，楷琳先幫我量血壓，然後用督普勒超音波的小聲筒放在肚子上量測胎心音，接著是第一次內診：子宮頸開三公分，胎頭位置一～零，子宮頸變薄程度60～70%。

6:43am

秀霞姊要我去沖澡緩解一下，起身時陣痛又來，霎時間前面痛後面痠，秀霞姊叫我一腳跨床沿一邊搖擺骨盆，她在後頭幫我按摩尾椎。這時一股痠意猛然從肚裡向上泛，大概是宮縮向上頂的關係），大家攙扶我進浴室，隨即就著馬桶嘩啦啦地吐出早餐還有前一晚的咖哩。吐完之後胃脹舒緩多了。胃酸上泛與陣痛之間，我坐在生產椅上，手臂撐著牆，阿選拿著蓮蓬頭一遍又一遍淋過我的肩頸、下背和繃得緊緊的大肚子，並且在每一次的陣痛來臨時，在我身邊幫我數呼吸。

7:30am

就這樣淋了半個多小時，溫水的確稍緩了痠痛，但此刻我只想躺下來，於是起身回到床上。只見陣痛越來越清晰，潮起潮落分明有致。我側著躺下，每當陣痛來時我便說：「要來了！」秀霞姊把我的腿抬到她的肩頭上幫我按摩小腿內側的三陰交穴，配合約莫五六次的「深吸——深吐」後度過陣痛，休息時再用產球讓我的腿夾靠著休息，秀霞姊也囑咐阿選趁陣痛之間塞幾片餅乾給我吃。

8:20am

在床上度過四十分鐘後，我們再度轉移陣地（是說我們家真的不大，但姿勢變換之間仍讓我有種在跑大地遊戲闖關的感覺），來到客廳，我雙膝跪在瑜珈墊上，上身趴在產球上，秀霞姊在後面幫我按摩尾椎，這個姿勢是我個人覺得緩解腰痠的最佳姿勢。

8:35am

十五分鐘的按摩後換坐在產球上，旋轉骨盆，之後阿選搬了椅子坐在我背後，時而握住我的手，時而環抱著我的肚子。大夥幫忙把枕頭塞到我們之間，讓我背部可以舒服一些地靠在他身上，秀霞姊和楷琳分別坐在我的雙腳兩側，陣痛來潮時，她們便把我的腳抬高放在她們的膝蓋上，要我用力踩她們。

「妳想要大便還是尿尿，隨著心走」秀霞姊說。

9:10am

又換了一個姿勢，我和阿選面對面，我手勾著他的肩頸，雙腳回勾他的小腿，屁股懸空在他兩腿之間。

「好想大便啊啊啊！」我半嘶吼地說。

「沒關係妳就解下來！」秀霞姊安慰道。她和楷琳就坐在我的屁股後方，在陣痛來時一個用手電筒查看我的會陰狀況，一個幫我按摩尾椎。

9:20am

再換個姿勢，面對助產師，兩隻腳跨坐在阿選腿上，「看到前庭了！」楷琳說。「很好！放水！」秀霞姊宣布。但接下來的腰痠變得更劇烈，我的吐氣已經變成了低吼。

9:29am

趁著下一次的宮縮，秀霞姊進行第二次內診，子宮頸開六公分，然後聽到她說：「破水了！」破水時我真的沒什麼感覺，出水量也沒有太多，但是聽到的時候心裡頭仍為之一振，產程接下來能夠再推進吧？

9:30am

破水之後，秀霞姊要我去廁所解尿，順便讓阿選休息一下。這次我坐在馬桶上，一樣陣痛來時腳跨助產師膝蓋上，大概是因為坐在馬桶上，陣痛某種程度勾起我孕期嚴重便祕的不好回憶，大概就像是死命要大一條硬到不行、七天沒上的無敵巨便那樣。秀霞姊繼續催促阿選餵我吃東西，儘管我實在無暇吃，但也是那一小口一小口的進食，讓我有體力再撐一下。話說我們原本計畫要買無包裝的零食，結果還沒生就被我吃光光了……。當天倚靠的都是秀霞姊帶來的蘇打餅乾和小老闆海苔，所以回想起來在馬桶上的時光都是海苔味。我還記得在馬桶上時問了秀霞姊：「我還要生多久，能不能中午前生？」秀霞姊對著肚子說：「寶寶你馬麻要你中午出來唷！聽到了嗎？」在馬桶上度過了近乎一個小時後，尿也陸續解出來，這回有了更多進展，第三次內診開九公分。

10:30am

在馬桶上度過整整一個小時後，我又再度躺回床上，到了這個時候，我已經習慣了陣痛的步驟，也知道要做什麼事，雖然身體在痛，但心裡感覺滿好的，有點像職場菜鳥在新工作上手之後，第二次遇到情境題時那種「我知道怎麼處理！」的感覺——陣痛來，腳抬高給秀霞姊，深吸深吐、內心讀秒；陣痛退去，腳放下夾產球，休息喝水吃餅乾。

11:00am

再次回到到客廳，繼續走稍早做過的姿勢，面對翰選，坐在他大腿上，腳勾他的小腿，我只記得攬著他肩頸的雙手已經快要無力，陣痛之間已經幾乎沒有什麼喘息時間，沒有陣痛時還是痛，然後屁股下墜的姿勢讓我超想大便！由於房間燈光昏暗，秀霞姊頭燈早已準備好，把一面鏡子拿出來，放在我懸空的屁股正下方地板上，用反射原理看我的會陰狀況。據阿選說，我的屎就這樣一滴一滴地準確大在鏡子上，助產師們再擦掉，我又大……（邊生產邊大便是非常正常的！一點都不羞恥！其實我自己在凌晨時就自行浣腸過了，但看樣子浣腸有它的極限……）。

11:15am

即將進入產程的最後一哩路，我感覺全身的血液都已經聚集在會陰處，抬著腫脹陣痛的屁股勉強轉身，「再努力一下下我們就進水池！」秀霞姊宣告著。陣痛這時幾乎是每隔一兩分鐘就來一次，我和阿選十指緊扣，欸不對，是我在用臨盆產婦的驚人握力對他的手指施以極刑。我的臉也幾乎是定格在 >0< 這個表情。

11:19am

都普勒超音波響起寶寶的心跳聲，一百四十一下正常，接下來不再內診，靠的是助產師的經驗來找出子宮頸全開的跡象。我內心的那個產婦早已裸奔跳進水池裡，又再經歷了三四次陣痛，我終於聽到：「好我們進水池！」啊終於！如釋重負！

11:25am

原來子宮頸全開的我還能走路！雖然只是短短兩公尺（還好我家不大），但也足夠讓我驚訝於身體的韌性。進入溫暖的水中，聽從秀霞姊擺位，兩腳膝蓋跨開抵著滑溜溜的泳池內牆，雙手壓著膝蓋內側把腳掰開。阿選去一旁洗手準備接生。陣痛一來，我感覺到稍早的便意變得更具象，每次陣痛我都可以感覺那團無敵巨便（胎頭）更往下推出，每次陣痛吸飽氣慢慢吐出來，大約有三次呼吸的時間，可以趁著吐長氣時用力把她推得更出來（這是我自己得出的戰略）。

「妳的手伸進產道裡去摸！」秀霞姊引導我往下摸，一塊軟得像豆腐的東西就在產道出口附近，正是寶寶的頭。但是陣痛一過感覺就又倒退回去一些。

「推出去又縮回來了！」我有點焦急。

「正常的！她要回去吸氧氣。」秀霞姊說，「等下動作都要慢慢的，出來時不要快，讓她慢慢浮出來，不然北鼻會嗆到。」秀霞姊囑咐阿選。

在我屁股那端等著的阿選向我比了讚，意思是說「老婆我準備好了！你就放心生吧！」在醫院訓練時接過不少寶寶，這次終於要接自己的寶寶了！

「啊啊啊————好痛啊——」入水池後的第四次陣痛時，我發出慘叫聲。

「慢慢吹氣、吹長喔！不出力囉！」秀霞姊提醒我。寶寶的頭來到陰道口，我又再次往下面摸，寶寶的頭好軟好軟。「宮縮的時候把氣吹出來喔！吹很長的氣才不會裂傷喔！哈氣哈氣哈長一點。」

11:42am

最後幾次陣痛，我已經毫無保留，抱著「老娘我榨乾身體也要把妳給生出來」的決心。胎頭要出來的前一刻，前人說的「會陰燒灼感」出現了，我的哈氣聲瞬間飆高。但是胎頭出來後，身體卻沒有跟著出來，原來是寶寶肩膀卡住了。秀霞姊立刻吩咐：「雙腳抬高，屁股坐下去！」當下我沒有其他選擇，照做就對了，身體往下沉，水沒過胸口。就在我還不確定發生什麼事時，下一秒秀霞姊馬上接手把寶寶給轉出來，然後爸爸和秀霞姊兩雙手合力把寶寶抬出水面，有驚無險地，一個濕漉漉、軟綿綿的小嬰兒就這麼落到我的胸口上。

當真實地觸碰到寶寶後，我無法克制地流淚，她雖然晚了一拍，但終究是平安地來到我的面前。然後是一聲接著一聲的哭聲響徹了小小的公寓，我們的寶寶終於跨越了邊際來到爸爸媽媽所在的地球這一端。大毛巾第一時間遞上來包裹住寶寶，維持溫暖，楷琳從旁幫寶寶用吸球吸了一下口鼻，APGAR SCORE 8轉10。我們這才討論起這隻寶寶比想像中的大許多，身上幾乎沒什麼胎脂（大概是因為已經四十一週了），整顆頭因為甫經過產道，而變成一顆長橢圓球狀，小臉蛋慢慢轉為粉紅色，眼睛還睜不太開，但小小的手掌已經自然地搭在我的胸口上。我忍不住摟緊了我的寶寶，親了親她仍沾了胎膜的頭髮。

11:50am

寶寶出生後，我們沒有在水池待太久，就再度轉移陣地回到床上，多了一個小隊友的我們浩浩蕩蕩從池裡站起，我負責抱緊寶寶，其他人幫我披浴巾、注意臍帶，然後攙扶我躺下。

12:06am

來到床上阿選在我身後抱著我，我抱著寶寶，呈現一個三人疊疊樂的模樣。接著要準備生胎盤，秀霞姊一邊按摩我的肚子要刺激宮縮，大約等了十五分鐘才把胎盤娩出，生胎盤不外乎要再經歷一次會陰擴撐，但因為胎盤似乎剝離得不太乾淨，秀霞姊預告她手會整隻進去子宮裡清除剩餘胎膜，而這才是最痛的部分，但現在回想起來早已忘記那是何等的痛楚了。

12:15am

雖然產前一個月很認真地每日做會陰按摩，但因為寶寶體重較重，以及肩膀卡了一下的關係，會陰有二度撕裂傷，所以由秀霞姊幫我縫合。忍過打麻藥的針刺感後，就不太有疼痛感，就算有也都被胸前這個寶寶的可愛程度給稀釋了。我的初乳在產前就有分泌一點點，顏色是淡黃色的，楷琳在縫合過程中一直在我們身旁，從輔助寶寶點眼藥、打維他命K（居家生產這些也不會少唷！），到幫忙寶寶開始尋乳含乳，只見小小的嘴巴找呀找地，頭歪來歪去，碰到乳頭卻含不上去，第一次總是要花點時間的嘛！

12:42am

出生後滿一小時，按照我們生產計畫書寫的：待臍帶停止跳動後，由爸爸斷臍！

1:05pm

臍帶剪完、我的傷口也縫合完畢，發現沐沐不知不覺已解了超多深咖啡色胎便，就在老媽我的肚子上！我們沒有用衛生紙，所以很感謝助產師幫我們用毛巾一遍一遍地擦拭，來回洗乾淨再擦。接著就到了我個人超級期待的新生兒檢查，我們沒有用力擦拭寶寶的胎脂（是說沐沐也幾乎沒有），頂多把血漬擦乾淨，然後就包上了尿布（第一片尿布用的是紙尿布，想說胎便比較難洗，但後來我們覺得應該一開始就可以用布尿布了！），接著量體重！只見秀霞姊拿出一條絲質布巾（還是風中奇緣的圖案，可愛！）左包右包再打個結，勾上電子掛秤，不出所料這隻寶寶真的滿大的，遠遠超乎我們預期的三千出頭，竟然是整整三千七百克！接下來就是量身高頭圍等等這些，然後蓋腳印。

1:22pm

產後不到兩個小時，我們坐起來聊天，打電話與家人宣布女兒出生的好消息，一邊喝著薑茶，阿選也把我們昨天訂的生日蛋糕拿出來（用自己的容器買的無包裝蛋糕！）

至於胎盤的處理方式，參考其他產家的分享，大概有幾種：

一、做拓印然後當作醫療廢棄物（有些人就直接埋在後院種棵樹之類的）。

二、吃掉（煮掉或是交由生技公司做成膠囊）。

我們第一次聽到產家分享吃胎盤時非常不可置信，覺得太恐怖了吧！但後來看了更多產家分享，還有秀霞姊的介紹（大家都說不錯吃），加上自己身為中醫師也深諳胎盤可以入藥這件事（中藥裡乾燥後的胎盤叫做紫河車，有益氣養血的功用），還有……我們想降低生產垃圾這件事。

因此我們就拍板決定，吃！都吃！

我們的助產師秀霞姊真的十項全能，生小孩之外，還包辦煮胎盤——首先將連著臍帶的胎盤洗淨切成小塊，下薑片爆香，胎盤丟下去炒，看是要加米酒還是調味都可以，就完成一道很簡單的胎盤料理！一開始有心理障礙是正常的，但是吃下去的心得就是：臍帶像脆腸、胎盤像豬肝，欸，很好吃欸！

接下來是楷琳的教學時間，產前教育課程已經有學過抱寶寶以及餵奶姿勢，但當時用的是假寶寶，而真寶寶軟軟的還會動。我們兩個又緊張又好笑地輪流在這軟呼呼的寶寶身上練習手勢。

2:45pm

產後三小時，秀霞姊要我嘗試排尿，但從床上一起身就頭暈，大夥扶著我坐下，最後我就用屁股坐在地上的方法，一路嚕到廁所，成功解尿！（我當天用了兩塊產褥墊先接惡露）。

2:52pm

居家生產進入尾聲，但我們一家三口的日子才剛開始第一天。秀霞姊和楷琳留下一張記錄單，要我注意我排尿的狀況、寶寶解胎便解尿的時間。然後囑咐我兩天後她們會再回來訪視，做新生兒血液篩檢、檢查我的會陰傷口、做產後運動教學、哺乳諮詢等，中間隨時保持連絡。最後大家一起對著熟睡的沐沐切蛋糕唱生日快樂歌，分食完畢後，大夥把水池的水排乾淨、該洗的丟洗衣機（我們真的用了很多毛巾）。

那天最後，我們送走了助產師和攝影師。還記得我和阿選圍著沐沐，不可思議地討論著這位熟睡的新房客，公寓如往常只有我倆地很安靜，但空氣中的氣味已經不同了——那是一股新生與希望的氣息，是啊，從今天開始一切都會很不一樣了呢！

後記

這份生產紀實足足寫了半個多月，多半是在一邊餵奶，或是寶寶睡著或送託褓母的片刻中完成的。以產婦的角度來說，溫柔生產不是僅僅發生在生產當天而已，而是從意識到有其他選擇開始，經歷搜尋資料、學習知識、尋找支持與幫助、準備與計畫、當天上陣完成生產，再到產後新生兒照護這整個漫長的過程，都可以囊括在溫柔生產的範疇裡面。

我很喜歡一個說法：「溫柔生產就是溫柔地選擇自己要的生產方式。」

以我自身的經歷來說：我做出減少醫療介入的選擇，原因是希望能體驗自然的生產方式，並減少醫療浪費，因此我願意去承受生產的疼痛，但也並非毫無防備，因為我主動尋求支援，找伴侶、助產師團隊來幫助我面對產痛、完成生產這件大事。

生產有沒有風險？難道不擔心嗎？無論在醫院或在家裡，生產本來就是一件有風險的事。這對選擇居家生產的產家來說，一定是更清楚不過的事，但是會決定採居家生產絕非心血來潮，中間一定會經過規律產檢及審慎評估。所以並非是要大張旗鼓宣揚居家生產的好處，而是希望讓更多人看到生產的多元性，以及一個平凡產家的準備歷程。

生產也能零廢棄嗎？居家生產垃圾大清點——

我們選擇居家生產很大的原因是來自零廢棄生活的啟發，因此我們想要嘗試盡可能減少生產的廢棄物。但由於生產某些方面存在著不確定性，所以我們夫妻兩的共識是——以母嬰安全為首要考量，垃圾量放其次。

生產當天難免都會有點手忙腳亂，所以我們大部分避免垃圾的措施都源自於事前準備。以下就讓我們用零廢棄的5R來檢視看看當天避免掉及最後產生的垃圾吧！

拒絕（Refuse）不需要的東西

- 非必要之藥物：因為採取溫柔生產，我們沒有打催生藥物（希望能等寶寶自己準備好，讓產程自然啟動），也沒有打減痛分娩（我自己想要獲得自然生產的體驗，也想降低麻醉藥對母嬰身體可能的影響），因此也免去了靜脈留置針及點滴管路（不預先插入靜脈留置針能讓產婦之生產位置及姿勢不受限制，且可隨時飲食及休息保持體力）。
- 其他醫療廢棄物：因為在家生產，自然免去了許多醫療院所會出現的廢棄物（例如：辦理住院的文件、衛教資料、母嬰識別手環、爸爸陪入產房的隔離衣、口罩、頭套、鞋套）。

- 一次性用品：包含產褥墊、濕紙巾、衛生紙、衛生棉、紙尿布。我們仍然有準備一包產褥墊和一包新生兒紙尿布，以備不時之需。

減少（Reduce）需要的東西

- 胎兒監測：我們在生產同意書上寫的是「採取最低限度的胎兒監測」，為的是可以讓媽媽自由地移動變換姿勢，以利產程進行，監測手段包括如下：胎心音監測：由助產師以都卜勒超音波儀器（攜帶式的）聽取胎兒心音為主要監測手段，因此沒有像在醫院會有的持續監測胎心音（產婦身上會綁偵測器，連接到監測器，並同步列印輸出一張胎心音與宮縮的結果報告）。

避免掉的垃圾：列印出結果的那張紙。

- 內診次數：盡可能減少陰道內診次數，希望可以減少產婦的不適，而也因為助產師全程陪伴我，所以相對較不需要頻繁的內診來判斷產程進展（像是子宮頸全開可由其他身體跡象判斷之）。

避免掉的垃圾：每次內診會耗費的一只手套。

重複使用（Reuse）現有的，或是以租借、購買二手的代替購買全新的

- 生產用具：產球、打氣筒和產池都是在線上社群裡借到的，對方因為都在同一個城市，所以直接面交，沒有用到運送的包材；瑜珈墊則是自己本身現有的。只有水管是在五金行按尺論價額外新買的。
- 一次性用品：以可重複使用的選項來代替。
 1. 產褥墊：用防水墊替代。
 2. 濕紙巾、衛生紙：用大毛巾、小毛巾替代。
 3. 衛生棉：用寶寶的尿墊（布尿布內層的尿墊）及布衛生棉來接產前落紅和產後惡露。
 4. 紙尿布：用布尿布替代（新生兒尺寸的都是二手的尿兜搭摺式尿墊）。
 5. 生日蛋糕包裝：用鍋子去買蛋糕。

回收（Recycle）與堆肥（Rot）

- 醫療廢棄物（藥品、縫針、針筒）統一由助產師帶回進行回收。
- 紙張：生產紀錄單及產後母嬰觀察紀錄單。

- 胎盤臍帶（也算是醫療廢棄物的一種）：被我和阿選吃掉了。當然你也可以選擇把胎盤拿去埋起來、種在院子裡，讓它自然分解（也就是堆肥啦！）。

最後產生的垃圾

- 醫療類：手套五雙（內診手套3雙、接生手套*雙、縫合手套*雙）、會陰縫合組（麻醉藥、注射針、縫合針、紗布、縫線）、一次性治療巾兩條、Vit K（藥物、注射針）、浣腸一個、臍帶圈（由止血帶剪成三小節）
- 一次性用品：產褥墊兩塊（接產後第一天的惡露）、新生兒紙尿布一件、衛生紙數張。
- 食品包裝：花生、餅乾、海苔（我們當天來不及準備無包裝乾糧，好在助產師貼心為我準備讓我補充體力，所以只紀錄不計較！）、蛋糕底紙（可回收）。

結語

身為一個過著零廢棄生活的產婦，我超級好奇生

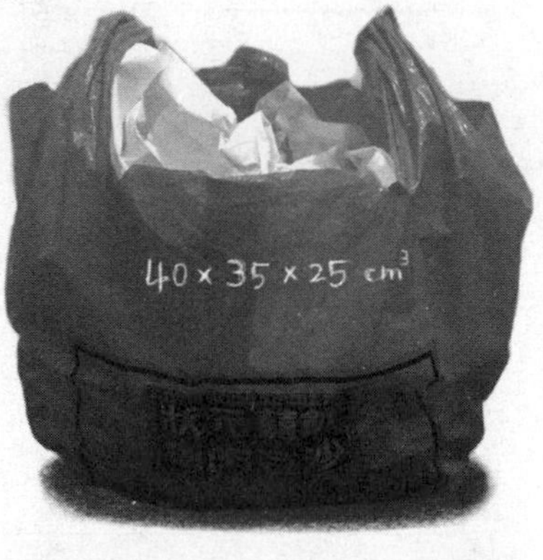

我們生產當天的全部垃圾（未壓縮）

產到底會產生多少垃圾。也因此和阿選一起「設計」了這場生產。過程中少不了與助產團隊和攝影師溝通，還發生好笑的內心小劇場，例如助產師建議我們一定要準備產褥墊和紙尿布，而我們覺得應該沒有必要，但最後還是在產前幾天去了趟藥局買了產褥墊和紙尿布各一袋回家「供奉」起來。而另一邊助產師因為知道我們想降低浪費，所以當天秀霞姊還帶了她自己的超大防水墊（可重複使用的那種）讓我墊在床上，甚至還幫我們準備了一次性產褥墊和尿布（可能擔心我們真的沒準備，真是不好意思）。

寫這篇文章的過程真的很有趣，好在有攝影師婉寧，從頭到尾把生產當天的過程拍得很清楚，所以能讓我一張一張檢視我們到底用了哪些東西，過程好像在玩「大家來找碴」還是什麼垃圾版的「威利在哪裡」。

另外為了要寫出我們避免掉的廢棄物，而參考了茂盛醫院的待產須知和台安醫院的產房護理訓練須知，估算出一般醫療院所生產時會產生的廢棄物，發現如果有更多醫療院所願意納入溫柔生產的特色（例如給予產婦選擇自己能接受醫療介入的程度），應該能減少非常可觀的醫療浪費。但少了醫療介入，當然要用更多的助產及陪產資源來補足，因此也會變得比傳統的醫療化生產耗時許多（未嘗不是好事）。

很喜歡我的助產師秀霞姊說的：「我們要用時間換取空間。」**生產不求光速，而是**

用最適合母嬰的速度，溫柔對待環境的同時，溫柔地讓彼此相遇。因此無論是環保層面還是產婦心理感受，一定都能得到更好的提升。期待未來這樣的觀念能有更多產家及醫護人員來支持響應！

生產這回合，爸爸不當門外漢——

轉頭一看，當初呱呱墜在我懷裡的沐沐已經開始討價還價不想喝奶了。睡得楚楚可憐的時候、看到別人在吃東西眼睛發亮的時候、窗簾一拉開被太陽曬到「併軌」的時候，孩子成長過程的每一個時刻都值得細嚐。初為人父，我試著享受孩子的重量，也感恩自己何其幸運，能夠從沐沐出生前到出生後，一路都在旁伴著老婆和孩子。

阿尚在前面已經介紹了我們為何選擇居家溫柔生產以及我們如何準備「溫柔生產」，而這次，我想從先生及父親的角度和大家談談，在這一場生產過程中我扮演什麼角色。

第一次聽到溫柔生產，是陪著阿尚去聽講座（是的，那時候我覺得我是陪她去的）。坦白說，聽完我並不覺得自己會選擇這種生產方式，對當時的我來說，溫柔生產有太多未知的恐懼了，不但聽起來很不方便，更沒有必要去挑戰家人的敏感神經而冒這個風險。即使我們過去都有當過生產助手的經驗，但當產家卻是第一次，產家的思考角度及所需的生產相關知識都和醫療提供者大相逕庭，因此，我們前後仍然花了不少時間從頭開始學習。

爸爸也想摻一腳

我們已經很習慣跟著建議流程走，只要產婦踏進醫院，就會有專門人員幫忙安排床位、通知醫療團隊，甚至連餐食都不用自己買，一鍵就可以送到床前。讓我們從急診入口開始一起走一趟：掛號、等待、坐電梯、等待、確認資料、接受內診、放置靜脈留置針頭、等待、疼痛、更痛、移動至產房、用力、哇哇哇、回病房。從這個流程來看，生小孩似乎不太需要爸爸，我們只是四十週前精子的提供者、懷孕期間的出氣包和外送員，而生產這天，沒什麼功能的人只能旁邊站，甚至只能關在產房鐵門外當門外漢，從前的爸爸們還有幫忙通知產婆的功能，現在連熱水都不用我們燒了。

其實，我們是想要幫上一點忙的，只是不知道從何做起。

但又其實，只有我知道太太捏著手的力道代表有多痛，太太慌張的時候會想吃什麼，在場除了產婦以外，更是只有先生才會知道，過去九個多月來日子是怎麼過的，寶寶聽到什麼聲音會最安心。如果孕育子女的過程一直都是夫妻同心協力，沒道理在最重要的一天爸爸們幫不上忙。

如果可以，我會希望能一起感受肚子裡生命的跳動，一起面臨生產的不安，轉移孕期一半的腰酸和最駭人聽聞的宮縮痛到我身上。如果真的有一套方法，讓伴侶可以試著做到這些，是不是在生產過程中，陪產伴侶的角色會變得更重要？

試著理解產婦的內心世界

聽完講座若干個月之後，阿尚懷孕了。隨著腹中阿沐的存在感漸強，她開始廣泛攝取孕產的相關書籍，並且與我討論是否嘗試溫柔生產。比起阿尚，在這方面我混多了，我只是查找了幾個部落格，看了幾篇文章和課程心得，到最後硬是擠出兩個週末和阿尚一起參加恩生助產所舉辦的生產教育課程。

一起上生產教育課程的同學有幾位是經產婦。這些前輩媽媽們透露出的神情，吸引我更想去了解，是什麼讓她們想嘗試「不一樣」的生產方式，以及身旁的先生們為何都能散發出溫煦的光芒。

原來過去的我也沒注意到，母性動物在孕產過程中所萌生對家的渴望，不是燈火通明，不是井然有序，更不可能是規模經濟下的「生產線」，是陰暗、溫暖、戒備森嚴、和再熟悉不過的味道與安全感。就像是拉普蘭的母馴鹿在生產前一天，必定性情大變、離奇消失，目的是為了確保分娩過程一切都是最安全的。唯有讓母獸產生真實的「安全感」，才有可能改變身體狀態、刺激體內賀爾蒙，進而引發一連串的化學反應瀑布來保護母子的健康，那是種真正發自母性深層的安全感，不是被族群定義的安全規範。

這時候順著母胎的想望走，很快就可以找到答案。

每個母親的安全感來源都不一樣，有的媽媽可能會強調光線的強弱，有的可能會注重聲音的大小，阿尚特別想要待在熟悉的環境和減少一次性垃圾的產生，因此我們權衡之後選擇居家溫柔生產。

到這裡，最容易被聯想的問題來了？居家生產會不會帶來更高的生產風險？憑目前的科學證據來比較兩者並不公平，因為在醫院生產所做的介入準備跟在家生產是完全不一樣的，前者根據實證醫學的證據規劃，後者強化母性本能和適應能力。

充足的事前準備

但不管做的是哪種選擇，事前規劃和準備得越多，才更有機會降低風險不是嗎？於是下一步，我們開始著手做了好多準備，每一個步驟都是經由夫妻一起決定，在這之前當然是經過專業醫療團隊認可。

我們開始組織生產團隊。最信賴的婦產科醫師很早就知道我們對溫柔生產有興趣，在做決策的過程中也給予十分中肯的建議，我們與產科醫師、助產師團隊前後花了好幾個月的時間慢慢溝通、建立緊急聯絡系統，最後擬出一份適合我們的生產計畫，並儘可能順利、安全地執行。

我們開始聽音樂。就像平常一樣，隨意切換著串流平台的推薦歌單，當某首歌讓我們突然有種「我好想在生小孩的時候聽到這首歌噢」的衝動時，按下 like，存進我的最愛歌單裡。

我們開始運動。控制媽媽和寶寶（和爸爸）的體重對安全生產來說是非常重要的，運動能強化骨盆底的肌肉、維持腹肌的強度，還可以增強肺活量，這些好處都能促進順產。到了產前兩個多月，我們更開始每天做陰道按摩，逐漸訓練產道的彈性，剛開始阿尚痛到幾乎要捏爆我的頭，數週後我們竟能感受到按摩的效果，也較不會對生產的情景感到那麼害怕。

我們開始取名字。有了親暱的稱呼，孩子更能接收到和父母之間的連結，直到前幾天我們才意外發現六個月大的沐沐居然還對娘胎時期的乳名有清楚的反應。

我們開始誦經。為求佛菩薩給孩子來到人世最好的祝福與加持，阿尚幾乎每天都為孩子誦持普門品，而我則延續母親往生前所奠基的習慣，睡前會背誦大悲咒三遍。

我們囤積食物。因為無法抓準生產是哪一天，只好從三十八週開始不斷在家裡囤積生產日所需的食物，哪知道這楊小沐居然住到忘記出來，產前兩、三週的食物也就順勢變成爸媽的熱量啦。

我們開始通知重要的親友。當一切準備就緒之後，我們便提醒親友們好日子即將來臨，但先請父母在家稍安勿燥，等有好消息一定立刻通知，因為我們想要維護寧靜、安全的生產環境。

親自為家人量身打造安全舒適的生產體驗

我們已經知道，生產並非媽媽一人所能完成，生產團隊必包含了媽媽、寶寶，以及先生，再外加醫療人員的協助（婦產科醫師、助產師、以及陪產員）。唯有功能健全的生產團隊才能確保母子均安，因此我們提前幾個月與產科醫師和助產師團隊討論生產危象的容忍值與後送計畫，並建立安全的聯絡方式、事前熟悉交通路線等等，要做的功課確實不少。

在我們家，平時主要是我負責開車，當討論到後送時，馱獸的功能就顯得格外重要了。一般去醫院生小孩的第一步就會是開車或坐車，所以交通時間是花在最前面；居家生產不一定會需要移動，但如果要緊急後送時，移動的過程就會分秒必爭，所以在考量助產師團隊和產科醫師能承受的風險值之後，還要再注意自家到後送院所的距離和交通狀況，事先考量備用的交通工具、可能的路況等等，都是相當重要的，不可不慎。

無法避免的外部風險

除了可評估的產婦基礎生產風險、可降低的管理風險之外，尚有一些是難以避免的外部風險，像是天災（地震、颱風）、人禍（塞車）等等，但別忘了

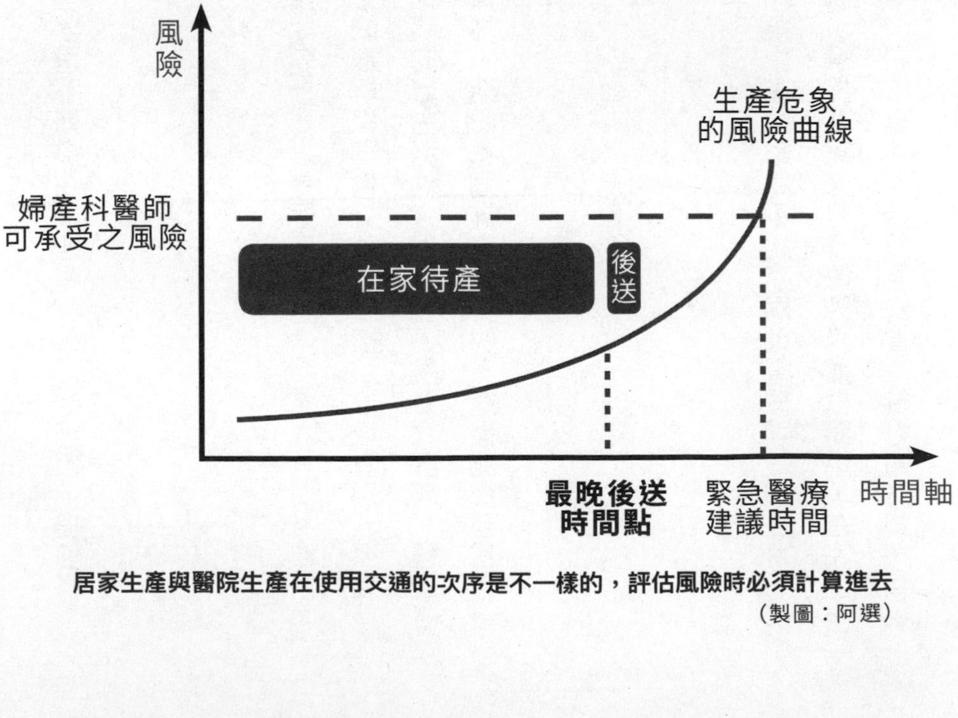

居家生產與醫院生產在使用交通的次序是不一樣的，評估風險時必須計算進去

（製圖：阿選）

一個更常見的外部風險卻是「孩子要生了爸爸還不知道在哪裡」，各位老爸們，提前將工作交代好是非常重要的！

結語

生產可是家裡的超級大事，我相信每個爸爸都希望能守護自己的家人，而爸爸們真的只能當門外漢嗎？當然不是，透過充分的理解與準備，我們一樣可以很有用、很重要！溫柔生產提供一種方式，讓產家擁有更高的自主彈性，但我們不是要強調哪一種生產方式比較好，而是讓大家有更多元的選擇性，期盼每個計畫生育的家庭都能找到最適合自己的生產方式，並且平安順產。

修一門零廢棄新生兒照護學——

在了解溫柔生產之後，會發現很多採溫柔生產的家庭不約而同地選擇了在家坐月子或者母嬰同室的選項。就我自己的例子來說，選擇在家坐月子原因其實很簡單，在家生產接著在家坐月子，母嬰都不需要大費周章移動，是最直觀而且最省時省力的方式，我可以一生完就待在自己熟悉的房間與床上，而寶寶就在最熟悉的家中，不用經歷作息的大幅更動，或是從外頭回到家中的適應陣痛期。我爸媽也能夠在生產當天，從台南帶了熱騰騰的雞湯上來台中，在女兒生完六小時後抱到了頭髮上還黏著胎膜的小孫女。

溫柔生產除了關注多元的生產方式外，也強調溫柔對待新生兒——這包含生產時的燈光、聲音，以及出生後立即行肌膚之親、延後斷臍等安排，都是希望他們被溫柔地迎接到世界上。其實只需要一點點的同理就足以想像，寶寶在母親的肚子裡經歷了十個月的沉潛後好不容易降落在地球上，如果說這新世界是座汪洋，那麼母親身上熟悉的氣味、心搏、吟唱與奶水則是寶寶能啣住的浮標，讓初來乍到的他能有個安全的立足之地，因此讓寶寶能持續待在媽媽身邊至關重要——餓的時候可以喝奶、想睡的時候有抱抱、需要安撫的時候有媽媽的聲音和親親。所以能和寶寶待在一起就是我和阿選的最大共識，在這前提之下，我們才繼續思考如何可以減輕照護新生兒的負擔。

在生產前，我們先簽約了到府的月嫂服務，一開始只申請週一到週五，每日八小時的方案（但開始一週後我們就決定增加至週一到週六，每日九小時的方案），沒有選擇二十四小時的方案是因為我們家只有一房一廳，沒有額外空間讓月嫂過夜，另外主因還是希望保留我們和寶寶獨處的家庭時間，雖然有心理準備知道夜間照顧新生兒會很累，但我們希望能漸進式地體會月子結束後，沒有月嫂的常態模樣。

我們的月嫂惠芳姊也住在台中，在過了預產期還沒生的那段時間，她偶爾會捎來關心，並且叮嚀我們生完一定要趕快通知她。而這也是她第一次接到居家生產的案子，所以寶寶出生隔天早上九點，惠芳姊準時地按了我家門鈴，興奮地逗著這個出生未滿一天的小嫩嬰。

生產完當天晚上，我異常亢奮，看著熟睡的寶寶不感絲毫疲累，但一到隔天，全身痠痛排山倒海襲來，我才知道自己竟然用了這麼多手臂與背部的力氣，光是在床上翻身我就要連哀個好幾聲，而會陰縫合處及肛門口處也仍然腫脹，說是坐立不安還真不為過。而這時候就會慶幸有月嫂的幫忙，讓我只管面對自己的身體變化、睡覺、與寶寶相處以及學習哺乳，其它包含準備餐點、洗衣晾衣、換尿布、寶寶洗澡等，都由惠芳姊一手包辦。產後第二天，我的助產團隊來到家裡進行產後訪視，除了幫我檢查傷口、惡露外（助產師秀霞姊甚至拿起我的惡露仔細地聞了味道說：「味道正常！沒有感染！」），還教導了我產後運動以及調整哺乳姿勢；另外新生兒的檢查也沒有少，包含抽足跟血以及量體重。

是的，我們很帶種地也想減少月子的垃圾，所以先從用量最大的一次性尿布及衛生棉下手，用可重複使用的選項來替代之。

我們採用布尿布，可以丟洗衣機洗，但若是大號則要先把大便沖乾淨，也可以用手搓洗一下再丟洗衣機。至於產後的惡露，我則是用布衛生棉來承接，產後第一週甚至還拿了寶寶的新生兒尿墊來當作加厚層。我自己如廁，一如往常先用水沖乾淨，只不過我改成用保溫瓶裝溫水來沖洗，但上大號時，因為產後痔瘡突出，變得很難將大便斷乾淨，所以我會看情況使用衛生紙（我們也為了月嫂可以安心上廁所，前後買了三包抽取式衛生紙），而我則是在上完廁所後隨手把用過的布衛生棉洗乾淨，雖然月嫂一直警告我不要碰水，但我無法忍受把自己的衛生棉交給別人洗，因此就先用沖洗器把大部分血漬沖掉，用手快速搓一搓，然後加上小蘇打粉再泡水一陣子，最後丟洗衣機。在月子期間，我們洗衣服頻率比平時高上非常多，一天早中晚各洗一次，若當日尿布量多可能會增加一到兩次。只是我們全部都用快洗模式，因此用水量能相對少一些。

月子另一個大宗的垃圾來源就是食物包裝，每天都要吃這麼多蔬菜水果魚肉茶飲，若全部都是超市買來，必定會產生很可觀的垃圾量。我必須在這裡表揚孩子的爸，因為我們的冰箱是那種宿舍尺寸的單門小冰箱，他因此得三天兩頭跑一次傳統市場，以我們一貫的無包裝買菜方式，買回了新鮮的魚及排骨，還有大把大把裸裝的青菜。至於茶飲及點心的部分，我們則決定妥協，買了有包裝的枸杞、紅棗、紅豆、紫米、白木耳這些，而其它中藥材像是黃耆、甘草、王不留行與杜仲，阿選就帶著保鮮盒去秤重裸裝。另一個我們在月子期間妥協的是廚餘，尤其是藥材、骨頭與果皮，每天都可以集滿一袋，這樣突增的廚餘量讓我們決定拿去丟大樓的廚餘桶，先暫緩在公寓堆肥這件事。

月子期間，我們每日的行程大約是根據前一天晚上的睡眠品質來決定步調。由於白天阿選仍要工作，所以晚上若寶寶醒來，我會先起身處理，看是換尿布還是餵奶，若是換尿布，我們會先把髒尿布丟到收集桶裡，隔天再一起洗。若是因為肚子餓，我就採躺餵或是生物哺育法（斜躺式），媽媽就能一邊餵一邊睡，寶寶在我身旁也自然睡得安穩很多。當然也有些天寶寶怎麼哄都睡不著，那就會由阿選先使出媽祖遶境大法，扛著女兒在客廳來回走個七七四十九分鐘，我則倒頭先睡，待到轎夫眼皮和雙腿透支後，再換我接力陪小菩薩熬夜，但通常耗到最後，新生兒終究是抵抗不了原廠設定，在我雙奶的利誘下，總算沉沉地含乳入睡，因此月子中間，我多半是在天亮後，待月嫂九點現身相救，才能讓我再多補眠個一兩小時；中午前，月嫂煮中餐，我餵寶寶；吃完中飯後再餵一次，接著午睡，中間空檔洗衣摺衣晾衣；下午三四點月嫂帶寶寶去洗澡，洗完澡後再餵；最後月嫂準備晚餐，然後六點我們說再見，是發自內心的那種「拜託明日一定要再相見」。

我在月子期間全部採取親餵，我的寶寶大概平均一個半小時就開始舔嘴找奶喝，所以我一整天的作息大概幾乎在餵奶中度過。第一週我也不太會餵奶、寶寶也還不太會含乳，依稀記得在家生完的第一次哺餵，我不知道該怎麼把我的奶從寶寶口中拔出來，用力拔？拔蘿蔔般地拔？後來經過助產師楷琳教學，才知道要用自己的小指頭沿著乳頭塞進寶寶嘴裡，以偷天換日大法用小指換乳頭，趁縫把奶抽出來，但光這小動作也是練習了一週之後才比較上手。一開始的親餵則因為各種原因，除了乳頭會疼痛外，也曾出現小白點和破皮的情況，半夜還曾出現過刻骨的泌乳痛，那是在乳暈周圍像有千萬根針在扎的刺痛，痛起來會讓我睡不著覺。但很慶幸有助產師提供產後回訪及遠端諮詢，還有月嫂惠芳姊的豐富實戰經驗，讓我月子期間從頭學習母乳哺餵，從寶寶含乳姿勢、學習用枕頭擺各種哺育姿勢，再到乳汁疏通手法及乳房療癒。我自己也同時上網查資料，從網路社團找到很多前人的經驗，漸漸地也抓到了訣竅。熬過第一週後，親餵就不再那麼疼痛，倘若乳頭有一邊受傷，那就先餵另一邊，餵完就使用乳汁塗抹在傷口處，乳汁會形成一層自然保護膜，讓傷口很快就復原。偶有硬塊脹痛時，除了要讓寶寶持續吸奶外，也會從冰箱拿出冰過的高麗菜葉，那碗型的葉子簡直是哺乳媽媽最佳的冰鎮神器，好笑的是每次在塗抹乳汁或撕高麗菜葉的時候，我都感覺自己像是什麼魔藥學大師，千方百計為的是進行一個人類乳汁的釀造活動。

我都形容自己用坐月子的四十天修習了一門新生兒照護學課。這門課的教授不善言詞，只會咿咿啊啊叫，你想翹課他就放聲咆嘯，叫得你要提燈夜戰，不敢怠慢到。這堂課尤重實際操作，有幾個重點單元一定要把握好，十字要訣請覆誦，不要說都沒有教──內內、搞搞、布布、澎澎和抱抱（詳情我們下篇來談）。

零廢棄寶寶之養成──

這篇文章寫在我們女兒滿六個月之前。我們兩人有十足的心理準備，在零廢棄育兒的路上肯定會有許多挑戰，我們不期許自己做到十全十美，畢竟每個人對於完美父母的想像可能截然不同。「成為父母」讓我們的生活產能變得緩慢，以往我們半天可完成的待辦事項，現在可能要花足足一週。在育兒的路上，我們才剛開始，尚有太多要學習。我們期許自己仍能以平常心過日子，但不隨便把事情看作理所當然。以下是我們所秉持的原則，下面會分段來做闡述：

1. 拒絕不需要的「育兒神器」。
2. 簡化寶寶需要的東西。
3. 以可重複使用的選項替代一次性用品。
4. 有需要才買，優先購買二手的。

1 拒絕不需要的「育兒神器」

我在懷孕時便常上網搜尋普羅大眾覺得「必需」的嬰兒用品，看著蝴蝶衣、奶嘴、安撫神器、專用乳液、專用副食品機……等等眼花撩亂的單品，別人越是強調「必敗」，心中憤世嫉俗的自己就越是懷疑：「難道沒有它我就過不去嗎？」我內心深信每個寶寶的獨一無二，初來乍到的他們應該不會介意用在自己身上的東西是否很神，畢竟神不神也都是大人所下的評斷。因此新生兒時期（第一個月）我們事先買的「新東西」只有三條包巾。後來因為有需求，才陸續買了一個真空集奶器和一支嬰兒指甲剪，另外在第一週睡眠缺乏之時買了奶嘴（結果女兒吸了幾天後就不吸了，遞上我的奶才是正解）。

2 簡化寶寶需要的東西

讓我們回到最初的問題：寶寶到底需要的是什麼？

其實答案你我都清楚，不外乎就是生理與心理面向要能被滿足，讓我們再複習一次十字口訣——內內（乳汁）、搞搞（睡覺）、布布（尿布、排泄順暢、屁屁舒服）、澎澎（清潔）和抱抱（好多的愛）。

在兩個月前，寶寶的衣服全都是穿我姪子的紗布衣，有十件做替換，穿脫方便也快乾。超過兩個月後紗布衣功成身退，我們因緣際會加入了一個嬰幼兒租賃衣服的體驗計畫，付租金換得五件三至六個月大小的有機棉衣服，時間到再還回。我在月子期間也曾淪陷在寶寶的衣服網站中，連在咫尺的寶寶餓到哭了，我還下意識地脫口而出：「媽媽在忙等一下唷！」然後才發現自己的行為實在可笑。我的寶寶已經發出嚴正的請求說：「內內！我要內內！」我卻盲目於瀏覽那些她根本沒要求過的東西。說實在，我們後來真的只用了三件包屁衣就安然度過了第二至六個月（正好是夏季衣服也乾得快）。

你不會聽見一個嬰兒向你要求：「爸媽，我要坐最新款的鋁合金推車」或是「洗完澡請用寶寶專用浴巾把我包起來」。嬰兒是一群嶄新的人類，涉世未深的他們其實正是簡化生活的大師，他們尚未形成「物質」的概念，反倒是什麼都想摸摸看、吃吃看，無疑是著重在生活「體驗」的零廢棄楷模。

3 以可重複使用的選項替代一次性用品

用量最大的嬰兒一次性用品，被視為「育兒必備」的大概有：紙尿布、濕紙巾，而哺育方面則常見母乳儲存袋與溢乳墊，這些其實都能用可重複使用的選項代替之。去到婦嬰用品店，時常會有很多贈品試用包，這些也都在可以拒絕的範疇內。

尿布：現行雖有一些品牌推出標榜「環保」與「生物可分解」的一次性尿布，但當中恐怕找不到百分之百能分解的選項（其中還是含有不同比例的合成纖維），可分解的部分也得要經過特定的堆肥發酵才有可能分解，而那是一般垃圾掩埋場的環境無法提供的，意指儘管買了生物可分解尿布，若所在區域沒有相對應的尿布堆肥服務，那麼這些尿布最後還是會花上幾百年時間才能消失。因此要減少紙尿布垃圾，最直觀還是回到可重複使用的「布尿布」上。

我們投資在布尿布的金額約在三千五百元新台幣以內，裡面有半數是透過網路買到的二手尿布兜及尿墊。二手的尿墊因為已經「開工」過，反而吸水性會比全新的來得更好。我們前後使用八個尿兜（其中三個是新生兒尺寸），搭配二十片抽換式的尿墊，另外還有三個口袋式布尿布穿插使用。我們在家以尿布兜加尿布墊的組合為主；口袋式因為穿脫較直觀，則請褓母在我們接寶寶回家前幫忙換上，但在褓母家仍舊以紙尿布為主。布尿布的好處真是不勝枚舉，除了垃圾少非常多之外（我們坐月子間只用了五片紙尿布），我們也不會因為寶寶「只尿一點點」而糾結到底要不要換一片新的尿布，有濕就換。這個年代的布尿布已經和四十年前不同了，不但有各式花樣、使用簡單，還可以機洗、烘乾。台灣甚至有品牌推出「可顯濕」的選項，解決布尿布看不出何時要更換的問題。

相較於使用紙尿布，以一天使用十片來計算（一片約八元），六個月需花費一萬四千四百元。使用布尿布，除了減少一千八百片的尿布垃圾外，還省下了一萬元以上，免於去購買那些最終將變成垃圾的尿布上。

濕紙巾：賣我二手布尿布的媽媽順帶送了我一包全新的紗布巾，檯面下的二手交易就是這樣，只要買賣雙方聊得來，看得順眼，用一個雙方可接受的合理價格就能共創雙贏。我們於是將大塊紗布巾剪裁成小方巾來代替一次性的溼紙巾，這些方巾又薄又輕，晾在室內也只要一個小時就能風乾。除了在家裡面用，我也另外又裁了十幾條請褓母試用看看，沒想到她一試成主顧，因為用法其實跟濕紙巾一樣（只是要先用水沾濕），即使沾有大便也能輕鬆洗淨而且快乾。

如廁訓練：我回顧自己小時候給奶媽帶的時候，就是被抱著屁股懸空在院子的水溝前，在奶媽的口哨聲中噓出一道美麗拋物線，顯然是個有天分的尿尿小童。這回實驗的對象變成我們的寶寶，相不相信三個多月的寶寶也可以自己大在便盆裡？我們用來減省尿布用量的方法叫做排泄溝通（elimination communication, EC），寶寶要大便時通常會漲紅臉、癟嘴出力，若還加上屁聲不絕於耳，那沒意外就是炸屎訊號。大約從三個多月時我們開始帶寶寶去坐小馬桶，在一看到炸屎訊號後，就光速脫尿布，趕快把她小屁股種到便盆裡，接著吹口哨或是發出「嗯」的聲音給她看。但當然沒辦法每次都成功。不過一旦成功接到屎後，我們和寶寶都愛上這種感覺，因為不用大陣仗洗屁股、洗尿布的感覺真的世界級美好！

母乳儲存：產後兩個月，我回歸了職場，我一天會手動擠兩次母乳，直接擠進玻璃奶瓶裡冰冷藏。下班回到家親餵時，就用真空集奶器將另一側的乳汁蒐集起來（餵奶時兩邊乳汁都會一齊噴發唷！）。我沒有庫存母乳，今天擠的奶就是隔天拿去褓母家喝的奶，因為直接用奶瓶儲存，所以不需用到一次性的母乳袋。我們早上會用保冰袋將裝滿母乳的奶瓶送去褓母家，接女兒回家時順便把空奶瓶回收——阿選笑稱我們這是「嘉南羊乳的瓶裝配送模式」。週末在家時，我們幾乎就是用親餵度過一整天，我至今仍時常驚嘆於母體的設計，我自己儼然就是個行動版的無包裝母奶供應站，不用錢、不製造垃圾、不用洗奶瓶，環保一百分！但我們還是有混合市售配方奶，一天補充一到兩次，因此平均一個月會產生一個奶粉鐵罐的回收垃圾。

溢乳墊：哺餵母乳的媽媽，有時乳房一漲、奶陣一來，胸前就會濕成一片。在家還好，但若是在上班的時候，你絕對不想頻頻去更換衣服，於是溢奶墊就被發明出來了。溢乳墊是個圓形柔軟的小襯墊，可以墊在內衣的罩杯處，吸收溢出的乳汁。如同衛生棉一樣，溢奶墊也有布製的選項，可以重複清洗使用。我是在布尿布社團裡，以二手價格買到的四對全新布溢乳墊，更換次數則根據自己脹奶的頻率來決定，有濕就可以換。

4 有需要才買，優先購買二手的

我們前後為了寶寶而買的二手物品有：布尿布、寶寶衣服、嬰兒床墊、成長椅、溫奶器、澡盆。除了床墊、布尿布與成長椅外，都是在同一個城市裡用面交的方式完成交易的。我用的方式是在拍賣網站上搜尋該品項，盡可能找同樣在台中市區的賣家，並用訊息方式詢問能否當面交易，省去包裝及運送的環境成本。以寶寶洗澡為例，我們在寶寶出生時先用一個橢圓形的塑膠儲物盆（婆婆留下的閒置物品）充當澡盆，洗到寶寶五個月快塞不進去後，我們決定是時候買一個「真正的」澡盆了，才上網搜尋二手的。聯絡到同樣在台中市的賣家後，賣家因為有事，所以提前將澡盆放到她家門口的機車上，我們取貨後便把錢丟進她沒上鎖的後車廂裡，感謝那台機車，讓我們得以完成一筆愉快的交易。

許多人覺得「我又不是沒錢，為何要買二手的？」或是會認為「二手的東西品質堪慮」，這些想法都很正常，但是我採行這樣的購物方式到現在，說實在還沒踩過雷，原因可能是：因為我打從心底知道我買二手的目的是不產生新的消耗，而些許的瑕疵或使用痕跡是我完全預料之中的，若真的難以接受透過面交也能當面檢視。別忘了你每買一個新物品的背後，代表源頭又有一個產品被製造出來填補空缺。良好的二手市場，是需要每一個消費者共同來維護的，當你有堪用但閒置的物品，不妨也把它釋出看看，你除了會得到一些零用錢，還換得更大的生活空間，而且說不定附近有一個急需此物的人會因你得到救贖呢！

花時間而非花錢在孩子身上

回想起自己的童年，我印象最深刻的父母形象是我老爸把我放在他的肩頭上遊行，或是帶我去玩飛盤和丟棒球，老爸會教我如何用帥氣姿勢把球丟得又高又遠、或是我們比賽誰可以用兩隻指頭接住飛盤；至於我媽，我則想念每個她帶我畫畫的時光，她會幫我的變色龍上陰影，是湊近看會發現各種顏色的細膩陰影。還有她帶著我插枝種薄荷和福祿桐，教我拈一片薄荷葉放手中搓揉會有滿掌的沁香。

孩子記得的不外乎就是你有沒有在意、有沒有出席、有沒有支持與尊重。而那些是必須花上時間才能換得的時光，而那些時光如同記憶中晶瑩的琥珀，是我們就算變成大人後，仍舊會在腦海意識裡發亮的、揣在心頭上會發笑的，也正是那些時光把我形塑成我，讓我之所以長成我。

附錄

零廢棄生活 DIY

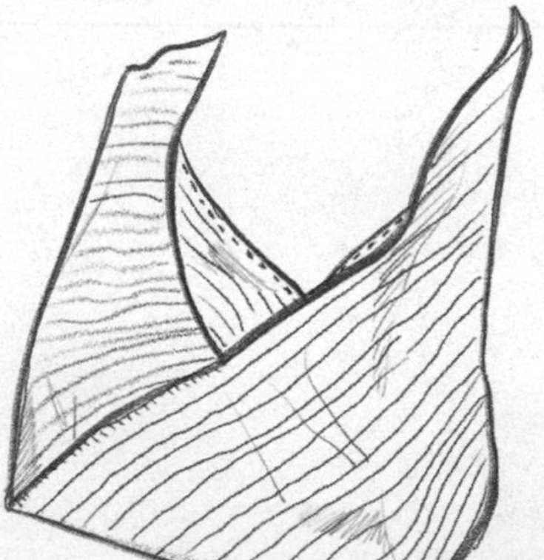

自製日式便當袋

工具：家裡的剩布或舊衣、縫紉車（非必要）、剪刀

步驟：

1. 裁出長寬比三比一的長形布（可收邊或拷克），按圖示的摺線處對摺成一平行四邊形。
2. 沿第三摺預備線向上對摺，即成便當袋主體。
3. 將前後面共兩處連接處縫合即大功告成。

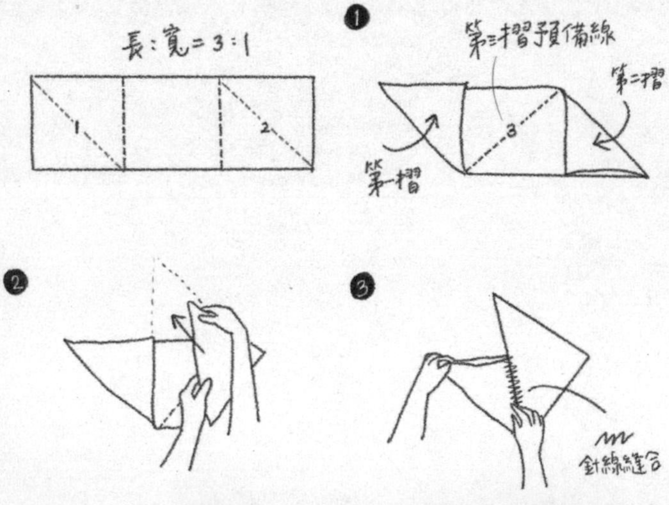

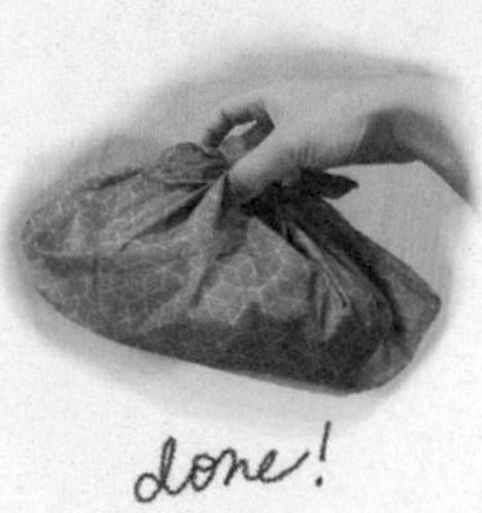

不需縫紉的吊嘎提袋

工具：不要的吊嘎（無袖上衣）或T恤、剪刀

步驟：

1. 將吊嘎翻至反面朝外，用剪刀在下襬處如圖示剪出長五公分、寬兩公分的條狀衣襬。（T恤需把袖子及領口修剪成對稱的提把）
2. 如圖，將同組的衣襬條互打死結。
3. 打結完成，即可翻回正面，檢查是否有露出的衣襬，往內塞回即完成。

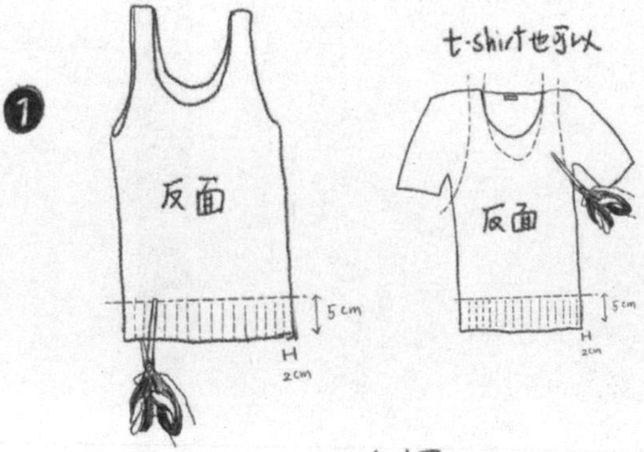

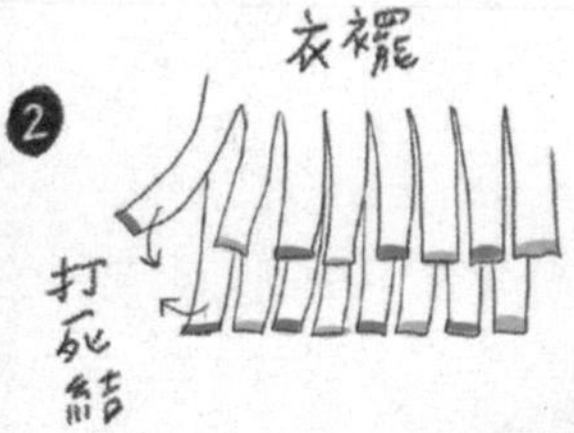

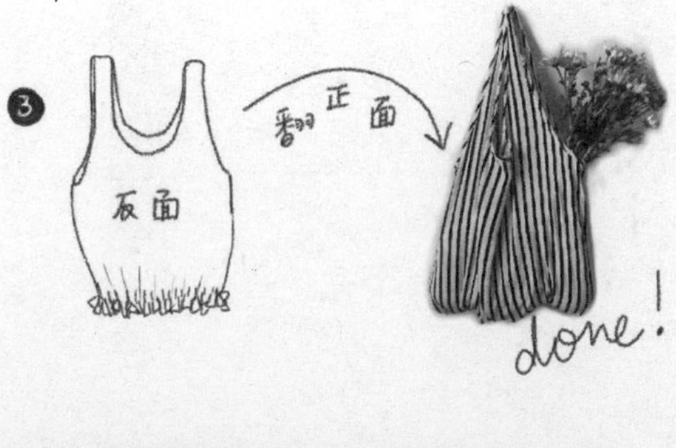

升級回收：美得像雜誌的再生實驗——

一、單面廢紙筆記本

工具：單面廢紙十張（數目可自訂）、喜歡的雜誌內頁（當封皮用，也可用較堅硬的紙質代替）、針線、剪刀、長尾夾、紙膠帶（選用）、麻繩（選用）、釘書針（選用）

步驟：

1. 將十張單面廢紙以空白面朝外對摺，開口處等會將是書背方向。用長尾夾固定內頁，避免鑽洞裝訂時移位（不想裝飾的話其實到這步就完成了，恭喜你有了一本長尾夾筆記本！）
2. 若要做封皮的話，則從雜誌選出喜歡的內頁（也可以選擇較硬一點的紙張），先裁好適合大小，從外把內頁包起來。
3. 可以選用線裝、釘書針、黏貼、綁繩的方式裝訂成冊。

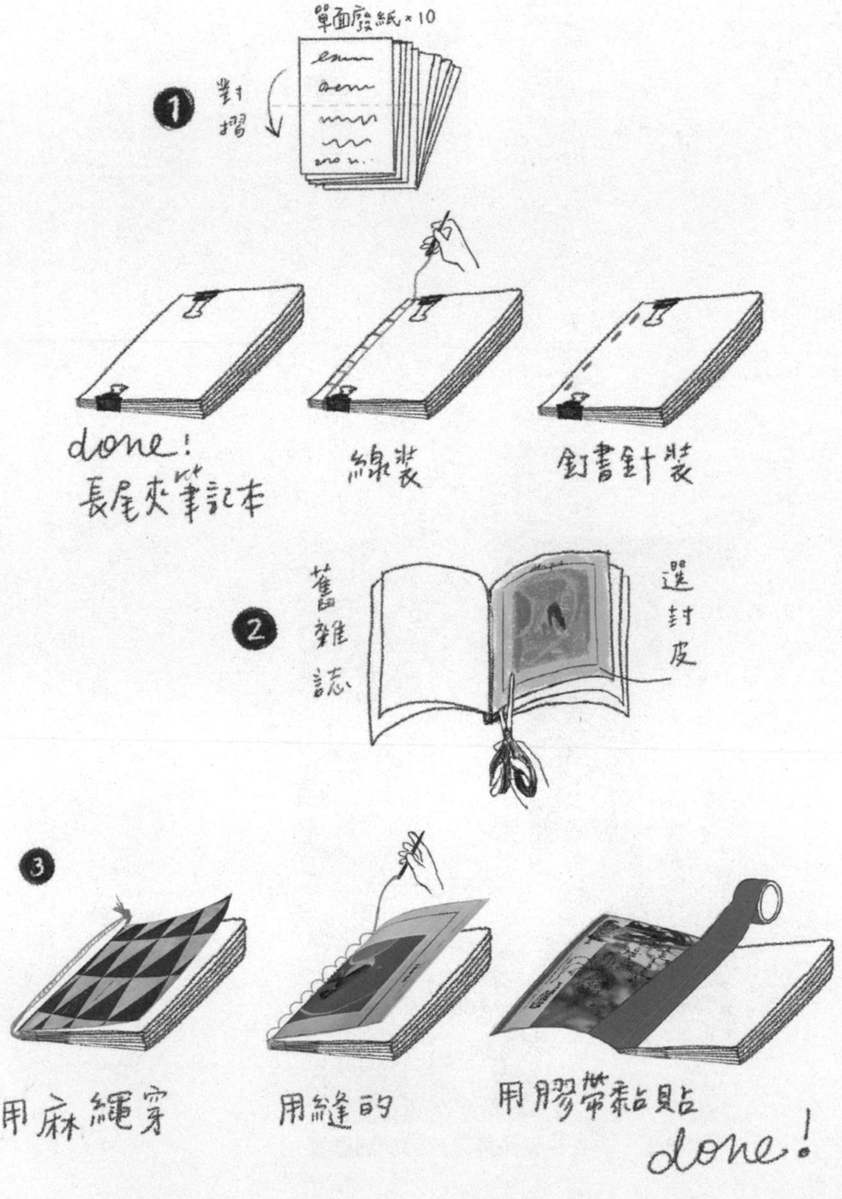
單面廢紙×10
1
對摺
done!
長尾夾筆記本
線裝
釘書針裝
2
舊雜誌
選封皮
3
用麻繩穿
用縫的
用膠帶黏貼
done!

二、掛畫

我們家中的牆上布置除了綠色植物外，另一個不花錢的裝飾就是雜誌掛畫。我們從各自老家翻出不少老舊的獎狀或證書框，都是那種很傳統的胡桃木色，一點加工就能變身為質感擺設。

工具：廢木框、壓克力顏料或水彩、喜歡的雜誌內頁、剪刀、衣架

步驟：

1. 把選定拿來當海報的內頁剪下，盡量裁出最大邊長。
2. 自由發揮用顏料在框上畫上木紋。
3. 將雜誌內頁放進框裡，上牆、完成！
4. 或是略過以上步驟，攤開雜誌掛到衣架橫桿上，直接把封面當畫，再上牆、完成！

一本雜誌、一支衣架也能是一幅房間風景

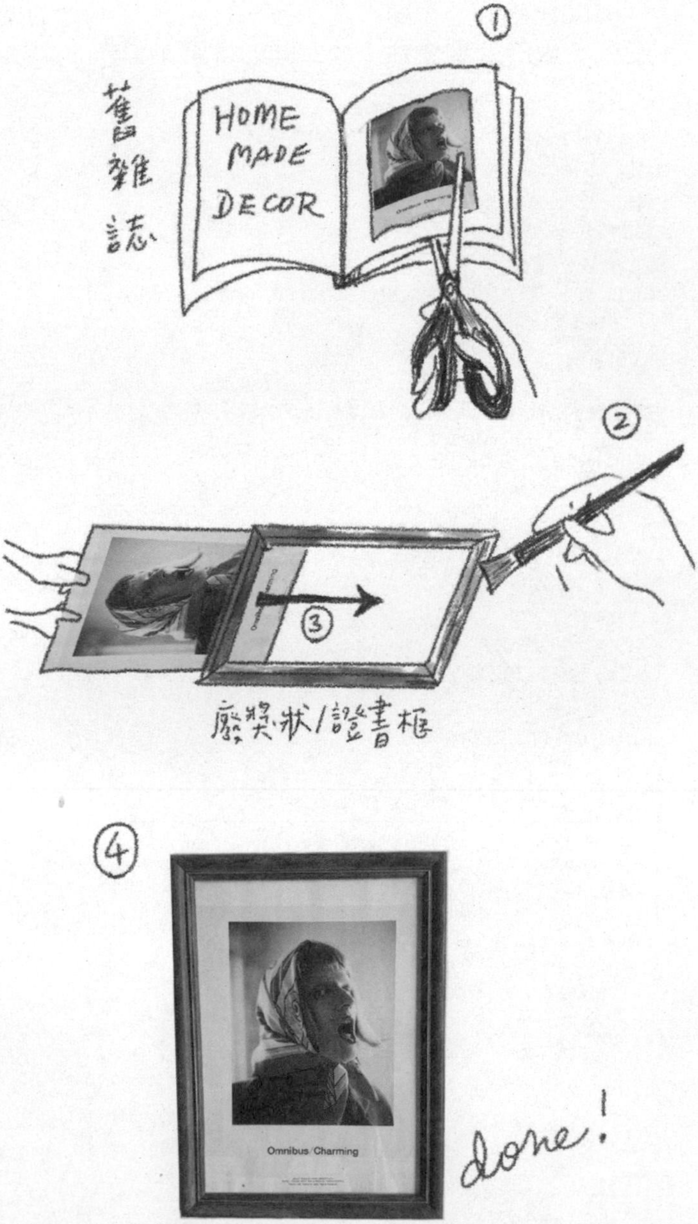
①
舊雜誌
HOME MADE DECOR
②
③
廢獎狀/證書框
④
Omnibus Charming
done!

一心文化　Style 003

沒有垃圾的公寓生活：小空間的零廢棄習作

作者　尚潔、楊翰選
插圖　尚潔
攝影　陳婉寧（婚禮與生產紀錄）
編輯　蘇芳毓
編輯協力　Pei Wu
美術設計　柯俊仰
內頁排版　趙小芳（Polly530411@gmail.com）

出版　一心文化有限公司
電話　02-27657131
地址　11068 臺北市信義區永吉路 302 號 4 樓
郵件　fangyu@soloheart.com.tw
初版一刷　2021 年 1 月

總 經 銷　大和書報圖書股份有限公司
電話　02-89902588
定價　400 元

國家圖書館出版品預行編目（CIP）

沒有垃圾的公寓生活：小空間的零廢棄習作 /
尚潔、楊翰選 著 . -- 初版 . -- 台北市：一心文化出版：大和發行 , 2021.01
面；　公分 . -- (Style ; 3)

ISBN 978-986-98338-5-1(平裝)

1. 環境保護　2. 廢棄物利用　3. 簡化生活

445.97　　109018010